21世纪普通高校计算机公共课程规划教材

C语言与程序设计大学教程习题与实验手册

李文斌 等 编著

清华大学出版社
北京

内 容 简 介

本书是《C 语言与程序设计大学教程》（清华大学出版社，李文斌　陈嶷瑛　王顶编著）的“姊妹篇”，是极佳的 C 语言编程实战辅导书。本书撰写的总原则为：通过理论题夯实学生理论基础（“练中学”）、通过实验及编程题培养学生对知识的灵活运用能力（“用中学”）、通过实际项目培养学生分析问题与解决问题的工程能力（“做中学”）。书中每一章分为三节：上机实践题、理论解答题及程序设计题，所有习题都经过精心挑选。书中最后一章详细分析了“空当接龙”游戏，并进行了设计与实现，给出了该游戏的完整代码。可以说，本书集习题、实验手册、实训项目为一体，是一本不可多得的 C 语言辅导书。

本教材适合计算机及相关专业的学生及老师使用，适合准备报考国家二、三级计算机等级考试（C 语言）的读者使用。

图书在版编目（CIP）数据

C 语言与程序设计大学教程习题与实验手册/李文斌等编著. —北京：清华大学出版社，2010.9
(2020.1 重印)
（21 世纪普通高校计算机公共课程规划教材）
ISBN 978-7-302-22724-3

Ⅰ. ① C…　Ⅱ. ① 李…　Ⅲ. ① C 语言—程序设计—高等学校—教材　Ⅳ. ① TP312

中国版本图书馆 CIP 数据核字（2010）第 088282 号

责任编辑：梁　颖　薛　阳
责任校对：李建庄
责任印制：刘祎淼

出版发行：清华大学出版社
网　　址：http://www.tup.com.cn，http://www.wqbook.com
地　　址：北京清华大学学研大厦 A 座　　邮　　编：100084
社 总 机：010-62770175　　邮　　购：010-62786544
投稿与读者服务：010-62776969，c-service@tup.tsinghua.edu.cn
质量反馈：010-62772015，zhiliang@tup.tsinghua.edu.cn
印 装 者：清华大学印刷厂
经　　销：全国新华书店
开　　本：185mm×260mm　　**印　　张**：16.75　　**字　　数**：412 千字
版　　次：2010 年 9 月第 1 版　　**印　　次**：2020 年 1 月第 2 次印刷
印　　数：3001~5200
定　　价：25.00 元

产品编号：035792-01

出版说明

随着我国改革开放的进一步深化，高等教育也得到了快速发展，各地高校紧密结合地方经济建设发展需要，科学运用市场调节机制，加大了使用信息科学等现代科学技术提升、改造传统学科专业的投入力度，通过教育改革合理配置和调整了教育资源，优化了传统学科专业，积极为地方经济建设输送人才，为我国经济社会的快速、健康和可持续发展以及高等教育自身的改革发展做出了巨大贡献。但是，高等教育质量还需要进一步提高以适应经济社会发展的需要，不少高校的专业设置和结构不尽合理，教师队伍整体素质亟待提高，人才培养模式、教学内容和方法需要进一步转变，学生的实践能力和创新精神亟待加强。

教育部一直十分重视高等教育质量工作。2007 年 1 月，教育部下发了《关于实施高等学校本科教学质量与教学改革工程的意见》，计划实施“高等学校本科教学质量与教学改革工程（简称‘质量工程’）”，通过专业结构调整、课程教材建设、实践教学改革、教学团队建设等多项内容，进一步深化高等学校教学改革，加强和提高人才培养的能力和水平，更好地满足经济社会发展对高素质人才的需要。在贯彻和落实教育部“质量工程”的过程中，各地高校发挥师资力量强、办学经验丰富、教学资源充裕等优势，对其特色专业及特色课程（群）加以规划、整理和总结，更新教学内容、改革课程体系，建设了一大批内容新、体系新、方法新、手段新的特色课程。在此基础上，经教育部相关教学指导委员会专家的指导和建议，清华大学出版社在多个领域精选各高校的特色课程，分别规划出版系列教材，以配合“质量工程”的实施，满足各高校教学质量和教学改革的需要。

本系列教材立足于计算机公共课程领域，以公共基础课为主、专业基础课为辅，横向满足高校多层次教学的需要。在规划过程中体现了如下一些基本原则和特点。

（1）面向多层次、多学科专业，强调计算机在各专业中的应用。教材内容坚持基本理论适度，反映各层次对基本理论和原理的需求，同时加强实践和应用环节的力度。

（2）反映教学需要，促进教学发展。教材要适应多样化的教学需要，正确把握教学内容和课程体系的改革方向，在选择教材内容和编写体系时注意体现素质教育、创新能力与实践能力的培养，为学生知识、能力、素质协调发展创造条件。

（3）实施精品战略，突出重点，保证质量。规划教材把重点放在公共基础课和专业基础课的教材建设上；特别注意选择并安排一部分原来基础比较好的优秀教材或讲义修订再版，逐步形成精品教材；提倡并鼓励编写体现教学质量和教学改革成果的教材。

（4）主张一纲多本，合理配套。基础课和专业基础课教材配套，同一门课程有针对不同层次、面向不同专业的多本具有各自内容特点的教材。处理好教材统一性与多样化，基本教材与辅助教材、教学参考书，文字教材与软件教材的关系，实现教材系列资源配套。

（5）依靠专家，择优选用。在制定教材规划时要依靠各课程专家在调查研究本课程教材建设现状的基础上提出规划选题。在落实主编人选时，要引入竞争机制，通过申报、评审确定主题。书稿完成后要认真实行审稿程序，确保出书质量。

繁荣教材出版事业，提高教材质量的关键是教师。建立一支高水平教材编写梯队才能保证教材的编写质量和建设力度，希望有志于教材建设的教师能够加入到我们的编写队伍中来。

21世纪普通高校计算机公共课程规划教材编委会
联系人：梁颖 liangying@tup.tsinghua.edu.cn

前 言

在近20年中，C语言在大学课程体系中经历了“被重视→被遗弃→再被重视”的一个变化过程。C语言再次受到重视的原因，在我们看来主要有两个：其一，嵌入式开发的兴起使C/C++得到了空前的重视；其二，人们越发认识到C语言对计算机编程人员的基础性作用，如学好C语言对于学习C++显然有益、C语言是数据结构（C语言版）的先修课程、C语言的灵活性十分有助于培养学生的编程素养。目前，C语言在大学里享受开设54～72个课时的“待遇”。坦诚地讲，老师在这些课时中采用“填鸭式”的方式是可以大体上讲述完C语言知识体系的。然而，实际教学的效果对老师并不只追求“讲完”，而是“讲好”；对学生并不只追求“学完”，而是“学懂”。换个角度讲，本课程的教学应使大部分学生具备扎实的基础、较强的实践编程能力。然而，我们在教学实践中发现，这并非苛刻的教学目标却很难实现。具体而言，要么学生只学习了C语言的语法，但编程解决问题的能力却缺乏；要么学生连基础知识都掌握不了；要么只掌握了C语言的一些皮毛，对某些重要知识缺乏深入理解……我们认为，造成这些现象的主要原因无非在于：缺乏理想的教材、缺乏基础性及理论性较强的习题、缺乏合理的实验和项目实战环节。这些方面的缺失直接导致学生不知道学有何用，老师也不知道教去何从。经验告诉我们，诸如程序设计这一类的课程最好能在“练中学”、“用中学”、“做中学”。如此这般，老师教得有劲，学生学得带劲，有效教学的目标方能遂愿。

为了服务于这一目标，来自石家庄经济学院信息工程学院、河北师范大学软件学院、河北经贸大学、解放军二炮工程学院的多名老师结合自己多年工程实践及教学的经验，并在多年积累的讲稿等资料的基础上，编著了《C语言与程序设计大学教程》一书，已交由清华大学出版社出版。本书则是《C语言与程序设计大学教程》的“姊妹篇”，它同样升华于实际教学中积累的资料。实践告诉我们，它对于增强C语言与程序设计的教学效果能起到非常重要的作用。本书撰写的总原则为：通过理论题夯实学生理论基础（“练中学”）；通过实践及编程题培养学生对知识的灵活运用能力（“用中学”）；通过实际项目培养学生分析问题、解决问题的工程能力（“做中学”）。全书的章节与《C语言与程序设计大学教程》的章节一一对应，每一章分为三节：上机实践题、理论解答题及程序设计题。每一部分的习题或实验都与教学目标紧密相扣。学生选择性地完成此书的题目，非常有益于掌握乃至精通C语言。书中最后一章详细分析了“空当接龙”游戏，并进行了分析、设计与实现，给出了该游戏的完整代码，对于帮助学生应用C语言开发实际的软件将起到“窥一斑见全豹”的作用。可以说，本书集习题、实验手册、实训项目为一体。而从基础走向实验，再进一步走向项目实战正是大部分计算机专业课程教学应该遵循的轨迹。

参与本书编写的老师有：陈嶷瑛（石家庄经济学院）、王顶（河北经贸大学）、刘士龙（河北师范大学软件学院）、张志敏（河北师范大学软件学院）、方林波（解放军二炮工程学院）。

任何一本书的撰写都离不开亲朋以及同事们的支持。本书在成稿前及成书过程中得到了河北师范大学校长蒋春澜教授的大力支持，在此深表感谢。要感谢的还有：河北师范大学数信学院院长邓明立教授、河北师范大学软件学院赵书良副院长、赵胜老师、武永亮老师、成少雷老师、袁春旭老师、陈润资老师及石家庄经济学院亢俊健教授、关文革教授、朱二连副教授、硕良勋副教授。他们的关心和支持使本书的内容得以积累。同时，他们还给了许多写作方面的建议和意见。当然，还要感谢许多在此未提及姓名的同事和朋友！

由于作者水平有限，书中错误及不当之处在所难免，恳请专家及同仁们斧正。

编著者

2010 年 8 月

目　录

第1章　引　　言

本章学习目标：

✓ 初步理解“程序”的概念。

✓ 掌握标准与实现的关系。

✓ 掌握编辑C程序的方法，理解源字符集的概念。

✓ 初步理解翻译的步骤，掌握“编译”、“链接”和“运行”程序的方法。

✓ 学会Visual Studio 2005（简写为VS 2005）的安装方法。

✓ 能模仿例题编辑、编译、链接和运行其他程序。

1.1　上机实践题

1.1.1　安装VS 2005

1．实验目的

掌握VS 2005的安装方法及注意事项。

2．实验步骤

安装前，准备好VS 2005安装包、序列号，并确保C盘至少有1.2GB的剩余空间（如果安装到C盘，则需要C盘剩余空间至少为2.8GB）。

步骤1：双击安装包中的文件，启动安装程序。

步骤2：单击图1-1中的“安装Visual Studio 2005”链接，开始安装，如图1-1所示。

图1-1　“安装Visual Studio 2005功能和所需的组件”的界面

步骤 3：将显示“安装程序正在加载安装组件”的进度，组件安装完毕后，单击“下一步”按钮。

步骤 4：进入“安装程序-起始页”，在此页面中，需要勾选“我接受许可协议中的条款”，之后输入“产品密钥”和“名称”，最后单击“下一步”按钮。

步骤 5：经过以上操作后，到达“安装程序-选项页”界面，如图 1-2 所示。此界面显示，VS 2005 为我们提供了三种安装方案：“默认值”、“完全”、“自定义”。这里我们选择“默认值”进行安装。

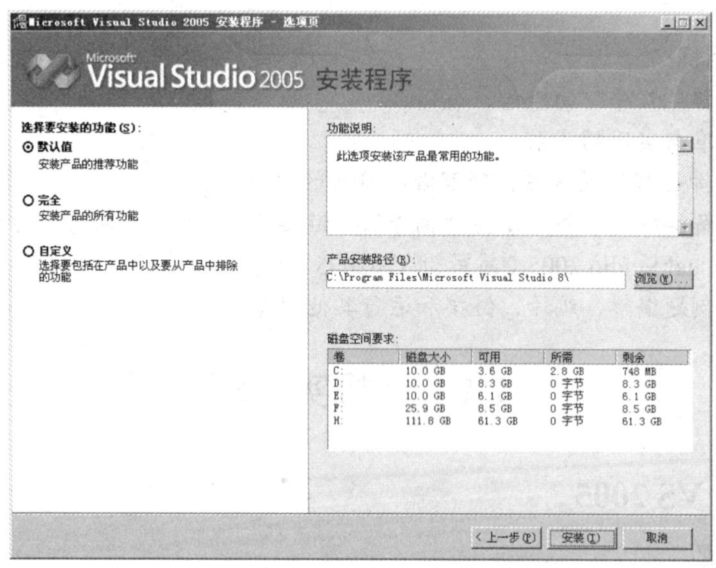

图 1-2　VS 2005 安装过程中的“选项页”

在默认安装中，安装路径为：“C:\Program Files\Microsoft Visual Studio 8\”，所需空间为 2.8GB。如果 C 盘没有大于 2.8GB 的剩余空间，则应将 VS 2005 安装到其他盘中。单击图 1-2 中“浏览”按钮，将出现如图 1-3 所示的对话框，在此对话框中可以选择将 VS 2005 安装到其他盘的文件夹中，选择完毕后，单击“确定”按钮返回如图 1-2 所示的安装页面。

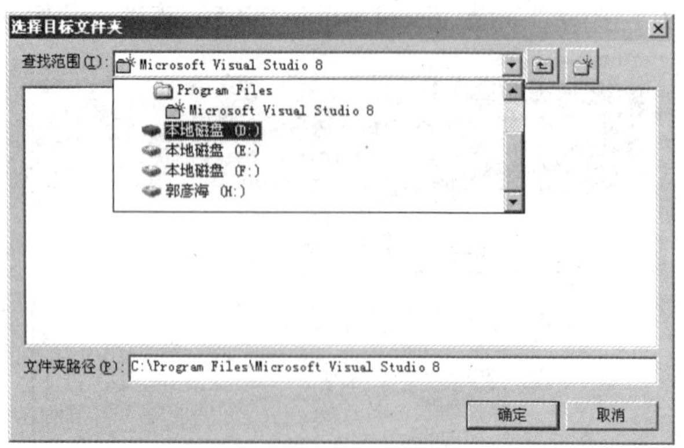

图 1-3　“选择目标文件夹”对话框

步骤 6：单击图 1-2 中的“安装”按钮，系统自动开始安装“默认值”中要安装的程序。一段时间后，程序安装完毕，单击“完成”按钮即可退出安装程序。

3．实验结果/结论

安装完毕后，在“开始”菜单里就能找到如图 1-4 所示的菜单项，单击 Microsoft Visual Studio 2005 菜单则可以启动 VS 2005。

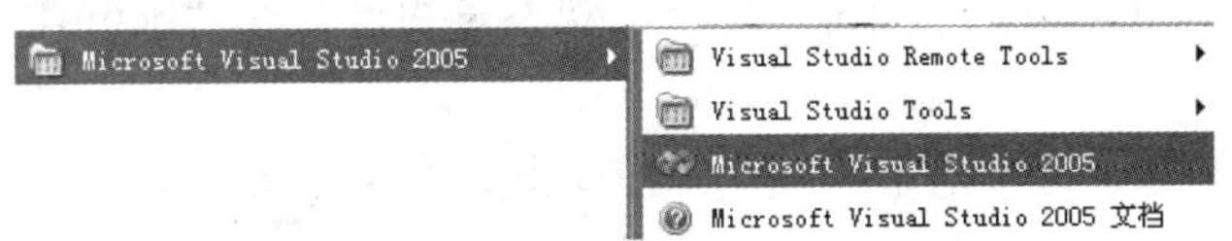

图 1-4　VS 2005 在“开始”菜单中的菜单项

1.1.2　编辑、编译、链接、运行 C 语言程序

1．实验目的

（1）掌握编辑、编译、链接、运行 C 语言程序的步骤，理解各阶段的功能。

（2）了解集成开发环境“集成”了什么。

2．实验步骤

步骤 1：建立文件夹“c:\firstC”。

步骤 2：编辑头文件。使用“记事本”编辑“c:\firstC\hello.h”，其内容如下。

```
/*头文件: hello.h*/
extern void sayHello(void);
```

步骤 3：编辑源文件。使用“记事本”编辑“c:\firstC\hello.c”，其内容如下。

```
/*源文件: hello.c*/
#include <stdio.h>
#include <stdlib.h>
void sayHello(void)
{
    printf("Hello World!");          /*该行的作用是在屏幕上输出双引号中的内容*/
}
```

步骤 4：编辑源文件。使用“记事本”编辑“c:\firstC\demo1_1.c”，其内容如下。

```
/*源文件: demo1_1.c*/
#include "hello.h"
int main(void)
{
    sayHello();

    system("PAUSE");
    return 0;
}
```

步骤 5：单击“开始”菜单，找到 Microsoft Visual Studio 2005 菜单项下的 Visual Studio Tools，单击“Visual Studio 2005 命令提示”。

步骤 6：编译“hello.c”。执行“cl /Fo hello.obj c:\firstC\hello.c”命令。

步骤 7：执行“dir hello.obj”命令，观察是否产生了“hello.c”的目标代码文件“hello.obj”。

步骤 8：编译“demo1_1.c”。执行“cl /Fo demo1_1.obj c:\firstC\demo1_1.c”命令。

步骤 9：执行“dir demo1_1.obj”命令，观察是否产生了“demo1_1.c”的目标代码文件“demo1_1.obj”。

步骤 10：链接阶段。链接两个“obj”文件以生成可执行文件。执行“cl demo1_1.obj /link hello.obj”命令。

步骤 11：执行“dir demo1_1.exe”命令，观察是否产生了可执行文件“demo1_1.exe”。

步骤 12：执行阶段。执行 demo1_1，将在屏幕上显示“Hello World！”。

3．实验结果/结论

（1）实验结果：在不同阶段得到了不同的实验结果。

- ✓ 在编辑阶段，得到了“hello.h”、“hello.c”、“demo1_1.c”。
- ✓ 在编译阶段，得到了“hello.obj”、“demo1_1.obj”。
- ✓ 在链接阶段，得到了“demo1_1.exe”。
- ✓ 在运行阶段，“demo1_1.exe”在屏幕上输出了“Hello World!”。

（2）实验结论：一个 C 语言程序的开发步骤包括：编辑、编译、链接、调试（此实验中未体现）及运行阶段。

- ✓ 编辑阶段指编辑源文件、头文件的过程。
- ✓ 编译阶段指由源文件生成目标代码文件的过程。
- ✓ 链接阶段指由目标代码文件生成可执行文件的过程。
- ✓ 调试阶段指排除在编辑、编译、链接阶段产生的错误的过程。
- ✓ 运行阶段指执行可执行文件的过程。
- ✓ 编辑、编译、链接、调试、运行可以在 VS 2005 中“一站式”进行，因此，VS 2005 被称为集成开发环境（Integrated Development Environment，IDE）。

1.2 理论解答题

1.2.1 配对练习

在右栏中找出与左栏中的术语最相匹配的解释，并将其首字母填写在相应术语的前面。

术语	解释
____（1） .h	（a） C 语言源文件的扩展名
____（2） .exe	（b） C 语言头文件的扩展名
____（3） .c	（c） VS 2005 下 C 语言可执行文件的扩展名
____（4） IDE	（d） C 语言目标代码文件的扩展名
____（5） .obj	（e） 集成开发环境

1.2.2 填空题

（1）实现分为两种：________和________。

（2）一个 C 语言源文件就是字符组合的一个序列，________是指允许出现在源文件中的字符集合。

（3）在国际标准中，源文件用一个换行字符来表示________。

（4）C 程序开发的步骤：________、________、________、调试和________。

（5）翻译的方式有两种：________和________。

（6）程序的翻译，是将________转换成________的过程。

1.2.3 判断正误

（1）C 语言国际标准并不限制“实现”采用的翻译方式（即“实现”完全可以采用解释方式翻译 C 语言程序），但目前所有的“实现”都采用编译方式。

（2）Visual Studio 2005 编译器只实现了 C99 标准的一部分。

（3）源文件或头文件只能使用 IDE 进行编写。

（4）一个 C 程序只能包含一个源文件。

（5）C 语言程序的内容以源文件为单位存放。

（6）将源文件的扩展名改成“.exe”格式，则源文件就转成了可执行文件。

1.2.4 简答题

回答以下各个问题，答案要尽量简洁。

（1）要想书写出完美的程序，应该具备哪些知识？C 语言在这些知识中起到什么作用？

（2）C 语言标准的出现和改进为 C 语言商业化编程的普及带来了极大的便利，结合实例谈一谈它都带来了哪些便利。

（3）标准与实现的关系在我们生活中也无处不在，请列举生活中的一个例子进一步谈谈标准和实现的关系。

（4）尽你所能，说一说现在都有哪些 C 语言实现，并指明它们各属于什么类别的实现。

（5）谈一谈源文件与可执行文件的联系和区别。

（6）谈一谈源字符集和执行字符集的联系和区别。

（7）头文件为什么不被称为一个翻译单元？

（8）结合 C 程序的编译过程简述 Visual Studio 2005 是如何在屏幕上输出“There is no best, only better!”这行语句的。

1.3 程序设计题

在完成上述实验的基础上，根据要求完成下面的习题。

（1）向 C 语言问好。编程在屏幕上输出：

```
Nice to meet you, C!
```

编程提示：

① 将“hello.c”中的“printf（"Hello World!"）;”语句改成“printf（"Nice to meet you,

C!")；”即可。

② 编程过程中请遵循教材中强调的编码风格和规范。

（2）法老的金字塔。编程在屏幕上输出如下所示的金字塔图案。

编程提示：

① 将“hello.c”改成如下代码。

```
/*源文件: hello.c*/
#include <stdio.h>
void sayHello(void)
{
   printf("   *\n");        /*\n 代表换行,即输出   *后将转到下一行进行输出*/
   printf("  ***\n");
   printf(" *****\n");
   printf("*******\n");
}
```

② 编程过程中请遵循教材中强调的编码风格和规范。

（3）法老的倒金字塔。编程在屏幕上输出如下所示的倒金字塔图案。

（4）钻石。编程在屏幕上输出如下所示的菱形钻石图案。

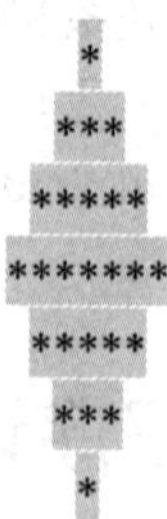

（5）松树。编程在屏幕上打印如下所示的松树图案。

（6）两棵松树。编程在屏幕上打印如下所示的两棵松树图案。

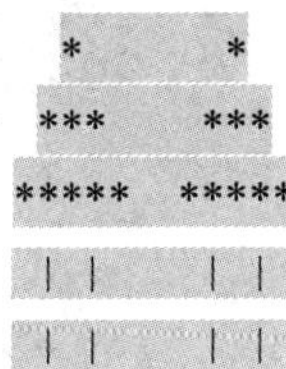

编程提示：将“hello.c”改成如下代码。

```
/*源文件: hello.c*/
#include <stdio.h>
void sayHello(void)
{
   printf("   *      *\n");
   printf("  ***    ***\n");
   printf(" *****  *****\n");
   printf("  | |    | |\n");
   printf("  | |    | |\n");
}
```

第2章 构成C语言程序的单词

本章学习目标：

✓ 了解构成C语言程序的单词的类别。
✓ 了解C语言关键词。
✓ 初步理解头文件的作用。
✓ 初步理解“链接”的概念。
✓ 掌握注释的使用。
✓ 掌握main函数的作用及推荐的写法。
✓ 掌握使用Visual Studio 2005（简称为VS 2005）建立C语言项目，添加/编辑源文件、头文件的方法，掌握在VS 2005中编辑、编译、链接、调试、运行程序的方法。

2.1 上机实践题

2.1.1 在IDE中编辑、编译、链接、运行C程序

1．实验目的

（1）掌握VS 2005中开发C语言程序的方法。
（2）了解集成开发环境“集成”了什么。
（3）掌握VS 2005中运行程序的快捷键Ctrl+F5。

2．实验步骤

步骤1：启动VS 2005。
步骤2：选择“文件”→“新建”→“项目”，并单击，如图2-1所示。

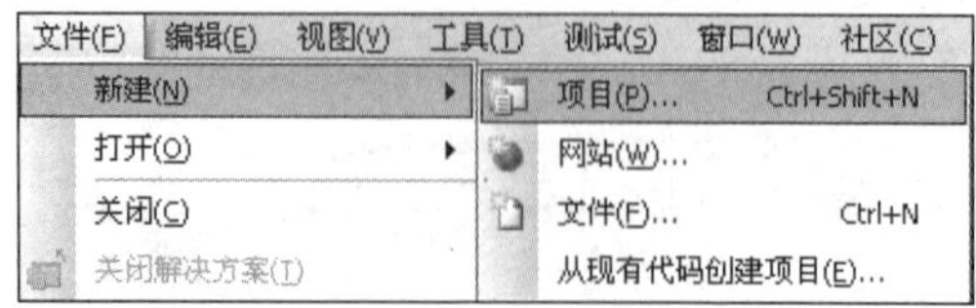

图2-1 新建项目

步骤3：如图2-2中的虚框所示，进行相应的选择和输入。之后，单击“确定”按钮。
步骤4：单击图2-3所示对话框中的“下一步”按钮。
步骤5：如图2-4所示，确认你选择了虚框中的选项，单击“完成”按钮。

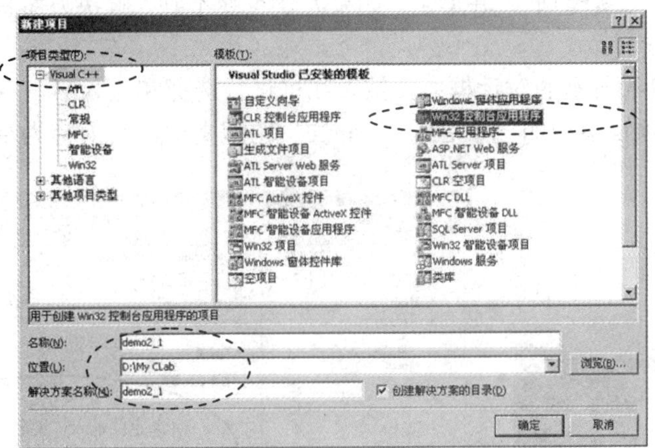

图 2-2　输入新建项目的相关信息

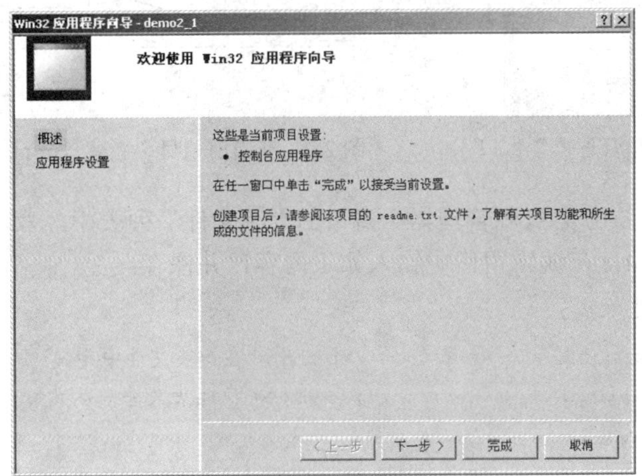

图 2-3　新建项目概述对话框

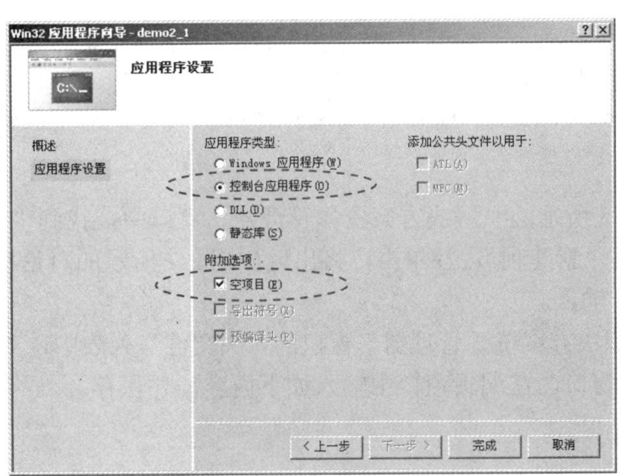

图 2-4　应用程序设置对话框

步骤 6：在图 2-5 所示的"解决方案资源管理器"窗口中，找到"源文件"，在其上右击，选择“添加”→“新建项”，并单击。如果怎么也找不到“解决方案资源管理器”窗口，请按 Ctrl+Alt+L 键。

步骤 7：在图 2-6 所示的对话框中，按虚线框进行选择和输入后，单击“添加”按钮。这一操作将使当前项目中增加一个名为“print.c”的源文件，其内容为空。

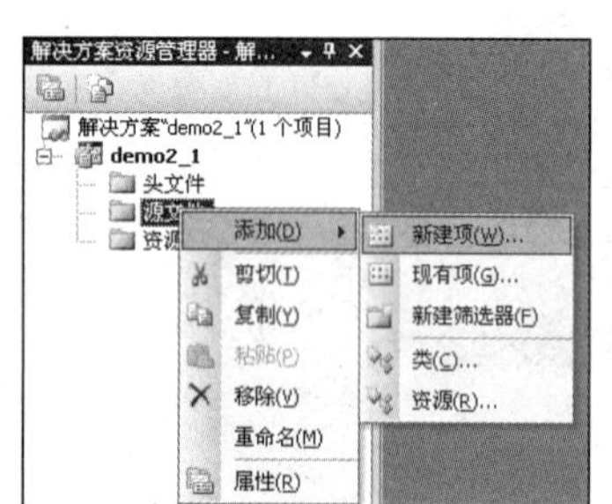

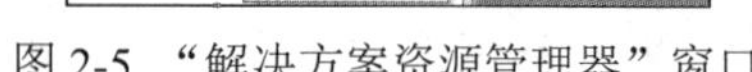
图 2-5 “解决方案资源管理器”窗口

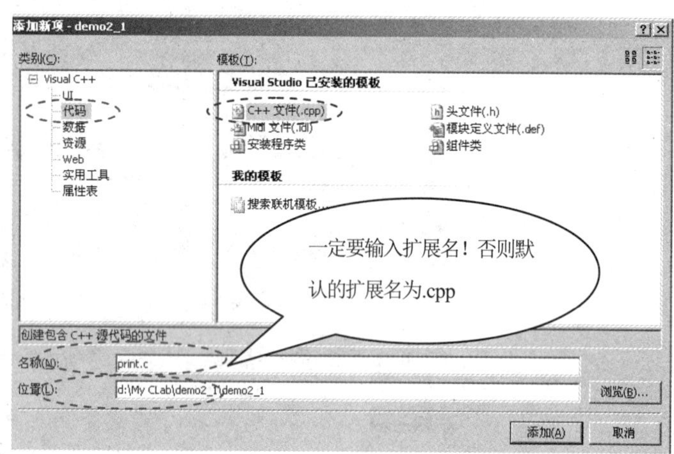

图 2-6 在当前项目中新建“print.c”源文件

步骤 8：在“解决方案资源管理器”窗口的“源文件”列表中，双击“print.c”打开对“print.c”的编辑窗口，在编辑窗口中输入如下内容，并保存。

```
/*源文件: print.c */
#include <stdio.h>                /*printf 在此头文件中定义*/
#include <stdlib.h>               /*system 在此头文件中定义*/
void print(void)
{
    printf("***********************************************************\n");
    printf("* 作者: 李文斌、王顶                                       *\n");
    printf("* 说明:用 VS 2005 编辑、编译、链接、运行的程序!            *\n");
    printf("* 日期: 2009 年 10 月 01 日                                *\n");
    printf("***********************************************************\n");
}
```

步骤 9：在图 2-5 所示的“解决方案资源管理器”窗口中，找到“头文件”，在其上右击，选择“添加”→“新建项”，并单击，将出现如图 2-7 所示的对话框。按图 2-7 中虚线框进行相应的选择和输入。

步骤 10：在“解决方案资源管理器”窗口的“头文件”列表中，双击“print.h”，打开对“print.h”的编辑窗口，在编辑窗口中输入如下内容，并保存。

```
/*头文件: print.h*/

extern void print(void);
```

步骤 11：参照步骤 6～8，在当前项目中新建“demo2_1.c”源文件，新建窗口如图 2-8 所示。

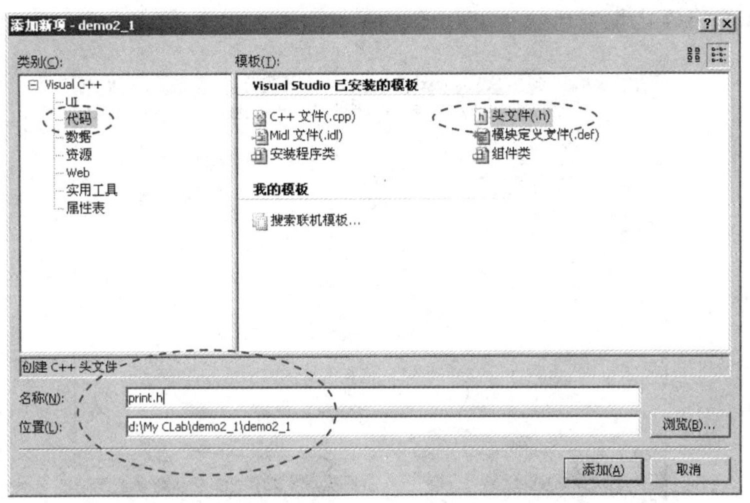

图 2-7　在当前项目中新建“print.h”头文件

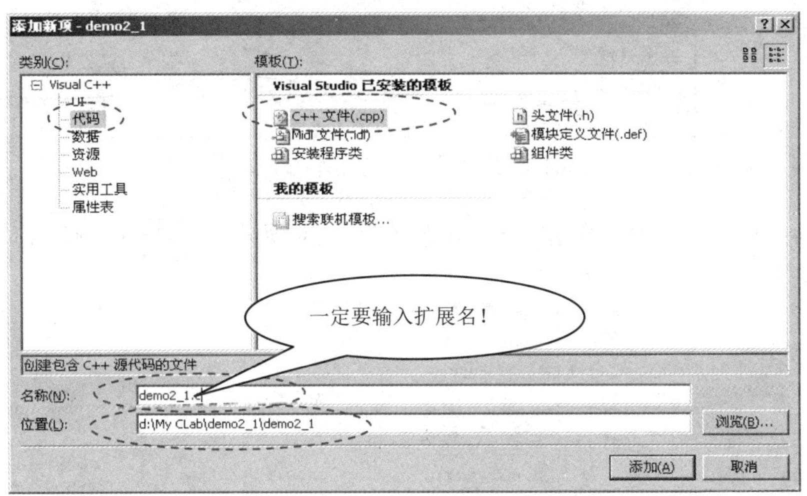

图 2-8　在当前项目中新建“demo2_1.c”源文件

步骤 12：参照步骤 8，编辑“demo2_1.c”源文件的内容如下，并保存。

```
/*源文件: demo2_1.c*/
#include "print.h"          /*print 是在 print.h 中定义的*/
#include <stdlib.h>         /*标准库 system 是在 stdlib.h 中定义的*/

int main(void)
{
    print();
    system("PAUSE");        /*使打印完后,等待用户按任意键再结束程序*/
    return 0;
}
```

步骤 13：生成可执行文件。找到“生成”→“生成 demo2_1”，并单击，如图 2-9 所示。(注：这一步骤中先后完成了“编译”、“链接”两个步骤。若在这两个步骤中发生了错误，则 VS 2005 将停止生成可执行文件的过程并向程序员汇报错误。）

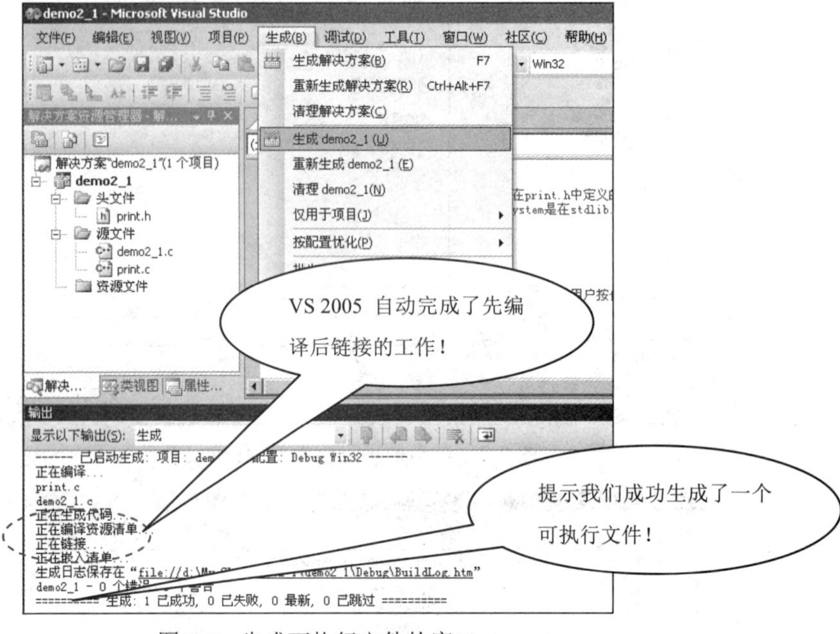

图 2-9　生成可执行文件的窗口

步骤 14：执行。找到“调试”→“开始执行”（或同时按下 Ctrl+F5 键），如图 2-10 所示，执行程序。

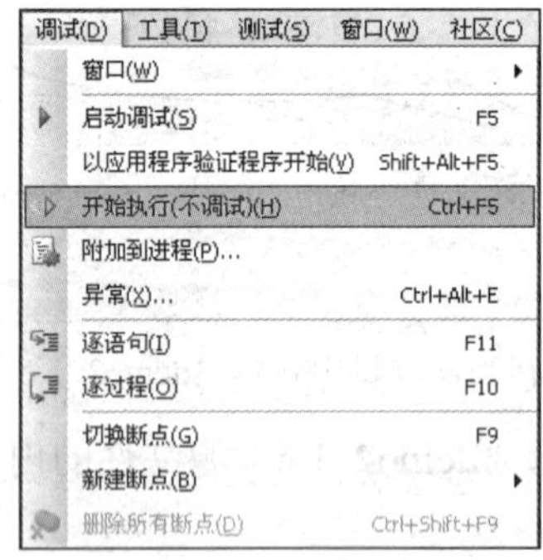

图 2-10　执行程序的菜单项

3．实验结果/结论

（1）实验结果

程序的运行结果如下。

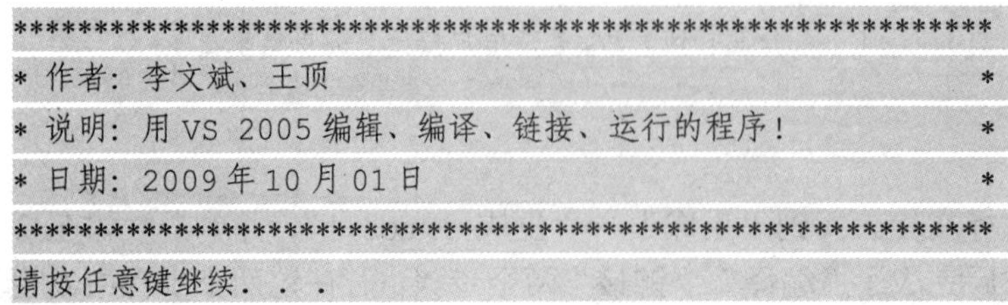

```
***************************************************************
* 作者：李文斌、王顼                                           *
* 说明：用 VS 2005 编辑、编译、链接、运行的程序！              *
* 日期：2009 年 10 月 01 日                                    *
***************************************************************
请按任意键继续. . .
```

（2）实验结论

✓ VS 2005 是一个集成开发环境（IDE）。利用 VS 2005 可以“一站式”地完成 C 语言程序的编辑、编译、链接、调试、运行程序的全部步骤。

✓ 一个 C 语言程序可能包含有多个源文件，编译器将这些源文件编译成目标文件，链接器将分布在不同目标文件或不同位置的目标代码“归并”到一个可执行文件中。

✓ C 语言编译、链接所得到的可执行程序在执行时，首先要找到 main 函数，然后从该函数中的第一条语句开始执行，直到 main 函数执行结束，C 语言程序即执行结束。

2.1.2 初步体验在 IDE 中调试程序

1．实验目的

（1）初步了解编译、链接错误发生的原因。

（2）掌握观察 IDE 错误报告的方法。

（3）初步掌握编译、链接错误的排除方法。

2．实验步骤

本实验须在顺利完成实验 2.1.1 的基础上进行。

步骤 1：将“print.c”中的

```
printf("***********************************************\n");
```

改成：

```
printf("***********************************************\n")
```

步骤 2：按 Ctrl+F5 键以运行程序（当出现示意对话框时，单击“是”按钮或“确定”按钮），观察 VS 2005 输出窗口给出的错误提示。

步骤 3：将

```
printf ("***********************************************\n")
```

改回：

```
printf("***********************************************\n");
```

步骤 4：按 Ctrl+F5 键以运行程序（当出现示意对话框时，单击“是”按钮或“确定”按钮），观察 VS 2005 输出窗口给出的错误提示是否还存在。

步骤 5：将

```
printf ("***********************************************\n");
```

改成：

```
printff("***********************************************\n");
```

步骤 6：按 Ctrl+F5 键以运行程序（当出现示意对话框时，单击“是”按钮或“确定”按钮），观察 VS 2005 输出窗口给出的错误提示。

步骤 7：将

```
printff ("**************************************************\n");
```

改回：


```
printf("****************************************************\n");
```

步骤 8：按 Ctrl+F5 以运行程序（当出现示意对话框时，单击“是”按钮或“确定”按钮），观察 VS 2005 输出窗口给出的错误提示是否还存在。

3．实验结果/结论

（1）实验结果

✓ 步骤 1～2 将使 VS 2005 在编译阶段报告错误。

✓ 步骤 5～6 将使 VS 2005 在链接阶段报告错误。

（2）实验结论

程序的错误分为几类：编译时产生的错误（简称编译时错误）、链接时产生的错误（简称链接时错误）、运行时产生的错误（简称运行时错误）。编译时错误和链接时错误将导致 VS 2005 最终无法生成可执行文件。

2.1.3 认识 main 函数

1．实验目的

（1）掌握编译、链接错误的产生原因和排除方法。

（2）认识预处理头文件在 C 程序中的作用。

（3）掌握 main 函数的使用方法及其作用。

2．实验步骤

本实验须在顺利完成上机实践 2.1.1 和上机实践 2.1.2 的基础上进行。

步骤 1：启动 VS 2005，仿照上机实践 2.1.1，选择“文件”→“新建”→“项目”，建立本次实验的实验项目 demo2_3。

步骤 2：在“解决方案资源管理器”窗口中，仿照上机实践 2.1.1，添加本次实验的一个源文件“demo2_3.c”。

步骤 3：在“解决方案资源管理器”窗口的“源文件”列表中，双击“demo2_3.c”打开对“demo2_3.c”的编辑窗口，在编辑窗口中输入如下内容，并保存。

```
/*源文件: demo2_3.c*/
#include <stdio.h>          /*printf 函数在此头文件中定义*/
#include <stdlib.h>         /*system 函数在此头文件中定义*/

int main(void)
{
   printf("****************************************************\n");
   printf("* 作者: 李文斌、王顶                                 *\n");
   printf("* 说明:用 VS 2005 编辑、编译、链接、运行的程序!      *\n");
   printf("* 日期: 2009 年 10 月 01 日                          *\n");
   printf("****************************************************\n");
   system("PAUSE");      /*使打印完后,等待用户按任意键再结束程序*/
```

```
    return 0;
}
```

步骤 4：编辑、链接生成可执行文件。运行可执行文件，与上机实践 2.1.1 的运行结果进行比较。

步骤 5：在“demo2_3.c”文件中，若在程序最后增加 “void main();”这条语句，运行程序，观察 VS 2005 输出窗口给出的错误提示。

步骤 6：在“demo2_3.c”文件中，若把代码中的“int main(void)”这条语句改为“int function(void)”，运行程序，观察 VS 2005 输出窗口给出的错误提示。

步骤 7：在“demo2_3.c”文件中，若把“#include <stdio.h>”语句去掉，运行程序，观察 VS 2005 输出窗口给出的错误提示。

步骤 8：在“demo2_3.c”文件中，若把代码中所有的以 “/*…*/”组成的语句去掉，运行程序，判断是否有错误提示，并观察实验结果。

3．实验结果/结论

（1）实验结果

✓ 步骤 4 的运行结果如下：

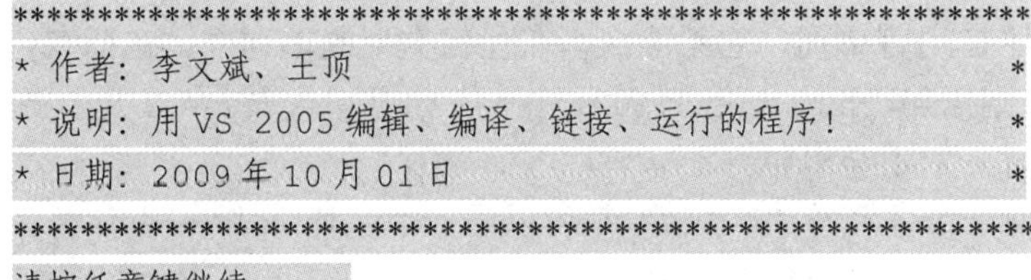

```
**************************************************************
* 作者：李文斌、王顶                                          *
* 说明：用 VS 2005 编辑、编译、链接、运行的程序！             *
* 日期：2009 年 10 月 01 日                                   *
**************************************************************
请按任意键继续. . .
```

✓ 步骤 5～6 将使 VS 2005 在链接阶段报告错误。

✓ 步骤 7 将使 VS 2005 在编译阶段报告错误。

✓ 步骤 8 的运行结果同步骤 4 完全一样。

（2）实验结论

✓ 一个 C 语言程序可以只包含一个源文件，即对于任何 C 语言程序，完全可以只在一个源文件中编写代码。但是这个源文件中必须有且仅有一个 main 函数，也即一个 C 语言程序有且仅有一个 main 函数。

✓ 在一个 C 程序中，当使用一些库函数的时候，必须包含相应的头文件。

✓ 注释对程序某一行或某个“单词”的作用进行阐述，从而使程序的阅读者能快速理解某一行或某个“单词”的作用。注释在翻译阶段将被变成一个空格，对程序其他语句没有影响。

2.2 理论解答题

2.2.1 填空题

（1）注释在翻译阶段将被变成一个________。

（2）组成语句“double num1 = 9, num2 = 16;”的单词有：________________。

（3）组成语句“#define PI = 3.14159”的单词有：________________。

（4）标准 C 语言包括________和一组标准库。

（5）源文件在________阶段转换成目标代码文件。

（6）在 C 程序中翻译单元指________。

（7）链接器的作用就是将分布在不同目标文件或不同位置的目标代码“归并”到一个可执行文件中，“归并”的依据是________。

（8）________和________间的内容称为语句块。

（9）C 语言程序中有且仅有一个________函数。

（10）一个 C 程序的执行是从________函数开始的。

（11）要调用 C 的 printf 库函数，则在源程序的首部添加头文件的语句是________。

2.2.2 判断正误

（1）C 语言单词是组成 C 语言源文件的最小单位，因此掌握 C 语言单词及其用法是编写 C 语言程序的必经之路。

（2）一条语句的结束符“;”是 C 语言的一个单词。

（3）C 语言注释是一种 C 语言单词，它不能嵌套在任何类型的单词中，包括它自己。

（4）已知有“int i;”，则语句“for(i = 0; i < 10; ++i) // 此语句代表 i 从 0 开始循环 10 次结束”中的注释在编译时一定不会出错。

（5）C 语言程序中任何一个注释符“/*…*/”都可以用一个注释符“//…”代替。

（6）一个程序中必须有一个 main 函数，程序才能执行。

（7）C 程序语句块中的每条语句都用一个“;”作为结束符。

（8）在某些 C 语言程序里，标识符可以与关键词相同。

（9）main 函数是系统提供的标准库函数。

（10）一个 C 程序可以有一个或多个 main 函数。

（11）语句“#include <stdio.h>”由“#include”、“<”、“studio.h”、“>”这几个单词组成。

（12）链接器将各个相关的目标代码文件链接到一起后形成了可执行文件，其扩展名是“.obj”。

（13）我们经常用到的“printf”是一个关键词。

2.2.3 简答题

回答以下各个问题，答案要尽量简洁。

（1）程序代码如下，请标出下述程序中的单词及其类型。

```
/* 源文件: test2_1.c*/
#include <stdio.h>
#include <stdlib.h>

int main(void)
```

```
{
    int i, sum = 0;
    for(i = 1; i <= 5; ++i)
        sum += i;                         /*将 i 的值加到 sum 上*/
    printf("%d\n", sum);                  /*函数返回值为 1～5 的和*/

    system("PAUSE");
    return 0;
}
```

（2）已知有如下两个源文件，谈一谈 VS 2005 是如何把下面两个源文件“add.c”和“test2_2.c”编译、链接成一个可执行文件并输出结果“31”的。

```
/*源文件：add.c*/
#include <stdio.h>
void add(void)
{
    int num1 = 15;
    int num2 = 16;
    int num3 = num1 + num2;

    printf("%d\n", num3);
}

/*源文件：test2_2.c*/
#include <stdio.h>
#include <stdlib.h>

int main(void)
{
    add();

    system("PAUSE");
    return 0;
}
```

（3）下面程序的功能是从一个字符串中查找某个字符的位置。试找出该程序中出现的头文件和关键词。

```
/*源文件：test2_3.c*/
#include <stdio.h>
#include <string.h>
#include <stdlib.h>

int main(void)
```

```
{
    char str[] = "language";
    int len = strlen(str);
    int i;

    for(i = 0; i < len; ++i)
    {
        if(str[i] == 'u')
            break;
    }
    printf("字母 u 第一次出现的位置是: %d\n", i+1);

system("PAUSE");
return 0;
}
```

（4）在程序中添加注释有哪些好处？

（5）若引用时将用户自定义的“.h”文件放在“< >”中，程序是否能正常运行？为什么？

（6）若引用时将“stdio.h”文件放在“" "”中，程序是否能正常运行？为什么？

（7）如何理解“链接”？举例说明它是如何把多个目标代码文件链接成一个可执行文件的。

（8）想一想，在程序中包含头文件有什么好处。

（9）main 函数的写法有哪几种？常用的有哪几种？

（10）下面程序的功能是交换两个整型数的值，请找出程序中的错误。

```
/*源文件: test2_4.c*/
include <stdio.h>
include <string.h>
include <stdlib.h>

int main(void)
{
    int num1 = 10, num2 = 20, temp;
    /*定义三个 int 型变量,第一个变量 num1 存储整型字面值 10, 第二个变量 num2 存储整型字面值 20,第三个变量为临时变量,两个数交换时可临时存储数据*/

    /* 打印出交换前两个数的值 */
    printf("%d\t%d\n", num1, num2);

    temp = num1
    num1 = num2
    num2 = temp
```

```
    /* 打印出交换后两个数的值*/
    printf("%d\t%d\n", num1, num2);

    system("PAUSE");
    return 0;
}
```

2.3 程序设计题

在完成上述实验的基础上，按要求完成下面的习题。

（1）打印功能菜单。编程在屏幕上（即控制台窗口内）打印如下所示的菜单。

```
功能菜单:
------------------------------------------
[1]  加法        [2]  减法
[3]  乘法        [4]  除法
[5]  平方        [6]  开方
[7]  绝对值      [0]  退出
------------------------------------------
请输入您的选择(0~7):
```

编程提示：将“print.c”的内容修改成如下代码。

```
/*源文件: print.c */
#include <stdio.h>                  /* printf 在此头文件中定义*/
void print(void)
{
   printf("功能菜单: \n");
   printf("---------------------\n");
   printf("[1]  加法      [2]  减法\n");
   printf("[3]  乘法      [4]  除法\n");
   printf("[5]  平方      [6]  开方\n");
   printf("[7]  绝对值    [0]  退出\n");
   printf("---------------------\n");
   printf("请输入您的选择(0~7):   \n");
}
```

（2）杨辉三角。编程在屏幕上（或者说控制台窗口内）打印如下所示的杨辉三角。

```
1
1   1
1   2   1
1   3   3   1
1   4   6   4   1
1   5   10  10  5   1
```

（3）在控制台窗口内打印 6 层的杨辉三角，要求右对齐，运行效果如下。

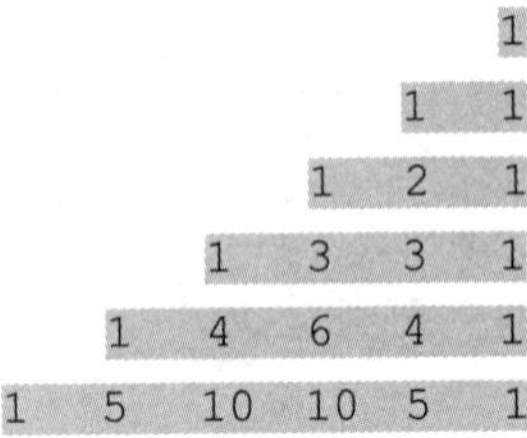

（4）在控制台窗口内打印 6 层的杨辉三角，要求居中对齐，运行效果如下。

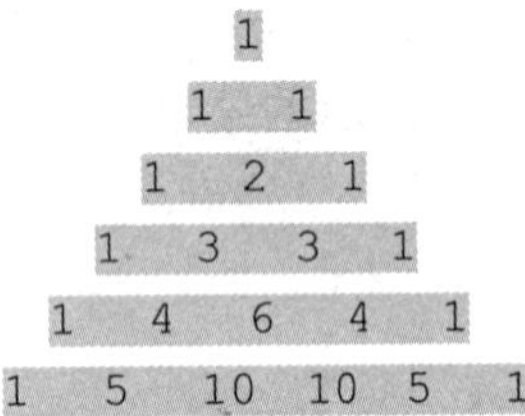

（5）打印矩阵。如下所示，在控制台窗口内打印一个 4 阶矩阵。

```
1   2    3   4
5   6    7   8
9   10   11  12
13  14   15  16
```

第 3 章　从问题求解到程序设计

本章学习目标：

✓ 了解算法与程序的关系。

✓ 掌握 C 语言有哪些数据类型，不同的数据类型有什么区别。

✓ 掌握变量的声明方法。

✓ 掌握合法标识符。

✓ 理解常量与字面值的区别。

✓ 掌握不同类型的字面值的写法。

✓ 掌握数据的输出与输入方式，重点掌握“转换说明”。

3.1　上机实践题

3.1.1　从问题求解到程序设计

1．实验目的

（1）了解算法选择对于程序执行效率的影响。

（2）初步掌握从问题求解的算法到程序实现的转化过程。

2．实验步骤

本实验通过计算 $s=1+2+2^2+2^3$，描述问题求解与程序实现的关系。

（1）解决该问题的第一种算法如下。

步骤 1：计算 x1=1，t=2。

步骤 2：计算 x2=x1+t，此时 x2 中记录了 1+2 的值，同时计算 t=t*2，此时，t 值为 2^2。

步骤 3：计算 x1=x2+t，此时 x1 中记录了 $1+2+2^2$ 的值，同时计算 t=t*2，此时，t 值为 2^3。

步骤 4：计算 x2=x1+t，此时 x2 中记录了 $1+2+2^2+2^3$ 的值，输出 x2 的值。

（2）解决该问题的第二种算法如下。

步骤 1：取 n=4。

步骤 2：计算 $s=2^n-1$，并输出 s 即可。

（3）分析这两种算法，显然第二种算法优于第一种算法，尤其适用于当计算 $s=1+2+\cdots+2^n$，n 值较大时的情况。

（4）将解决该问题的第二种算法转化为 C 程序。

步骤 1：打开 VS 2005，建立本次实验的实验项目 demo3_1，并新建一个实验文件“demo3_1.c”。

步骤 2：在“demo3_1.c”文件中输入以下代码。

```
/*源文件: demo3_1.c*/
#include <stdio.h>
#include <stdlib.h>
#include <math.h>           /*pow 函数在此头文件中定义*/

int main(void)
{
    unsigned int n = 4;
    unsigned long sum;
    sum = pow(2, n) - 1;    /*pow 函数计算 2^n 的值*/
    printf("1 + 2 + … + 2^(n-1) (n = 4)的值为: %d\n. ", sum);

    system("PAUSE");
    return 0;
}
```

步骤 3：运行上述程序，输出实验结果（见实验结果/结论）。

步骤 4：将“unsigned int n=4;”剪切后粘贴至“sum=pow(2,n)−1; /*pow 函数计算 2^n 的值*/”之后，再次编译，观察编译错误，指出为什么（提示：变量须先定义后使用）。

3．实验结果/结论

（1）实验结果

```
1 + 2 + … + 2^(n-1) (n = 4)的值为: 15
请按任意键继续. . .
```

（2）实验结论

✓ 借助计算机进行问题求解，首先要对具体问题进行仔细分析，确定解决该问题的具体方法和步骤，即算法。有了算法，就可以根据算法中的步骤，按照程序设计语言的编码规则，编制一组计算机能够执行的指令序列（即程序），提交给计算机，让计算机按照人们指定的步骤有效地工作。

✓ 对同一个问题而言，可能存在不同的算法，而算法的好坏直接关系到程序的效率和质量的高低。必须加强掌握分析问题的能力，以设计出好的算法。

3.1.2 输入、输出与转换说明

1．实验目的

（1）掌握数据的输出与输入方式，重点掌握“转换说明”。

（2）掌握转义字符的使用。

2．实验步骤

本实验旨在体会不同“转换说明”在输入输出时的作用。

步骤 1：打开 VS 2005，建立本次实验的实验项目 demo3_2，并新建一个实验文件“demo3_2.c”。

步骤 2：在“demo3_2.c”文件中输入以下代码。

```
/*源文件: demo3_2.c*/
#include <stdio.h>
#include <stdlib.h>

int main(void)
{
    /*变量的声明*/
    int x, a, b;
    int a1, a2, a3, b1, b2, b3;
    unsigned int y;
    char ch;
    float x1, y1;

    /*int 型数据的十六进制、八进制、十进制输出*/
    x = -1;
    printf("%x, %o, %d\n", x, x, x);

    /*unsigned int 型数据的十六进制、八进制、十进制输出*/
    y = 65536;
    printf("%x, %o, %u\n", y, y, y);

    /*char 型字符的输出*/
    ch = 'A';
    printf("%d, %c\n", ch, ch);

    /*浮点数的输出*/
    x1 = 1.11111, y1 = 2.22222;
    printf("x1 = %f, y1 = %f\n", x1, y1);
    printf("x1 = %.2f, y1 = %.2f\n", x1, y1);
    double x2 = 1.111111, y2 = 2.222222;
    printf("x2 = %.2f, y2 = %.2f\n ", x2, y2);

    /*格式宽度*/
    a = 8, b = 12505;
    printf("%d %d\n", a, b);
    printf("%04d %04d\n", a, b);
    printf("%0*d\n", a, b);

    /* 输入格式*/
    int a1, a2, a3, b1, b2, b3;
    printf("输入两个整数: ");
    scanf("%3d%3d", &a1, &b1);  /*输入为 123456789123456789*/
    printf("a1 = %d, b1 = %d\n", a1, b1);
```

```
    printf("输入两个整数: ");             /*"输入两个整数:"不会在屏幕上输出*/
    scanf("%2d %*3d %2d", &a2, &b2); /*该行语句被跳过*/
    printf("a2 = %d, b2 = %d\n", a2, b2);

    printf("输入两个整数: ");
    fflush(stdin);                      /*清空输入输出缓冲区*/
    scanf("%2d %*3d %2d", &a3, &b3);
    printf("a3 = %d, b3 = %d\n", a3, b3);

    /*转义字符*/
    printf("\001\001\001\n");           /*打印三个笑脸*/
    printf("\a\a\a\n");                 /*系统响铃三次*/

    system("PAUSE");
    return 0;
}
```

步骤 3：运行上述程序，观察实验结果。

3．实验结果/结论

（1）实验结果

```
ffffffff, 37777777777, -1
10000, 200000, 65536
65, A
x1 = 1.111110, y1 = 2.222220
x1 = 1.11, y1 = 2.22
x2 = 1.11, y2 = 2.22
8 12505
0008 12505
00012505
输入两个整数: 123456789123456789
a1 = 123, b1 = 456
输入两个整数: a2 = 78, b2 = 34
输入两个整数: 123456789
a3 = 12, b3 = 67
☺☺☺

请按任意键继续. . .
```

（2）实验结论

- ✓ 对于一个数据，可以分别输出不同形式的数值。根据需要，可以输出数据的十六进制、八进制、十进制等形式的数值。
- ✓ C 语言中，ASCII 字符在内存中是以整型数据形式存放的。
- ✓ “最小宽度说明”用于指定显示宽度，当转换值的字符数（含前缀）小于最小宽度说明时，则使用填充符将数值填充到最小宽度。当转换值的字符数（含前缀）大于最小宽度说明时，最小宽度说明失效。

✓ 最小宽度说明可以使用“*”号，表示当前宽度为第一个数据值的大小。

✓ 用户在输入时可以指定输入的最大宽度，编译器从输入流中按照指定的宽度选择合适的数据赋给待输入变量。

✓ 输入时在格式转换说明中若含有“%*md”的形式，则为赋值取消标志，会从输入流中自动跳过 m 个字符。

✓ 可以调用系统函数“fflush(stdin)”清空输入流缓冲区。

✓ 转义字符是一种特殊的 char 型字面值，用于表示源程序中很难或无法直接输入的字符。

3.1.3 数据类型

1．实验目的

（1）掌握 C 语言的基本数据类型。

（2）掌握在 VS 2005 中各种数据类型所占的字节数及其各自的精度。

（3）理解各种数据类型所能表示的最大范围并初步了解溢出的处理。

2．实验步骤

步骤 1：打开 VS 2005，建立本次实验的实验项目 demo3_3，并新建一个实验文件“demo3_3.c”。

步骤 2：在“demo3_3.c”文件中输入以下代码。

```
/*源文件: demo3_3.c*/
#include <stdio.h>
#include <stdlib.h>
#include <limits.h>    /*INT_MAX 在此头文件中定义*/

int main(void)
{
    /*变量声明*/
    int a1, b1;
    unsigned int a2, b2;
    float x1, y1;
    double x2, y2;

    printf("max_short_int = %d\t max_unsigned_short_int = %d\n", SHRT_MAX,
           USHRT_MAX);
    printf("max_int = %d\t max_unsigned_int = %u\n", INT_MAX, UINT_MAX);
    printf("max_long = %d\t max_unsigned_long = %u\n", LONG_MAX, ULONG_MAX);

    a1 = INT_MAX;
    a2 = a1;
    b1 = a1+1; b2 = a2+1;
    printf("a1 = %d\t 1+a1 = %d\n", a1, b1);
```

```
    printf("a2 = %u\t 1+a2 = %u\n", a2, b2);

    x1 = 111111.111, y1 = 222222.222;
    printf ("%f + %f = %f\n", x1, y1, x1+y1);

    x2 = 1111111111111.11111;
    y2 = 2222222222222.22222;
    printf ("%f + %f = %f\n", x2, y2, x2+y2);

    system("PAUSE");
    return 0;
}
```

步骤 3：运行上述程序，观察实验结果。

3．实验结果/结论

（1）实验结果

```
max_short_int = 32767    max_unsigned_short_int = 65535
max_int = 2147483647     max_unsigned_int = 4294967295
max_long=2147483647     max_unsigned_long=4294967295
a1 = 2147483647  1+a1 = -2147483648
a2 = 2147483647  1+a2 = 2147483648
111111.109375 + 222222.218750 = 333333.328125
1111111111111.11110+2222222222222.22220=3333333333333.33300
请按任意键继续. . .
```

（2）实验结论

✓ 在 VS 2005 中，short int 型数据占 2 个字节，int 型数据占 4 个字节，long int 型数据占 4 个字节。

✓ 在 VS 2005 中，unsigned 类型的数据存储范围为 0～2*（signed 类型的最大值）。

✓ 在 VS 2005 中，float 型数据的有效位数为 7 位，double 型数据的有效位数为 16 位。

✓ 在进行程序设计时，要合理选择适当的数据类型，防止溢出现象的发生。

3.2 理论解答题

3.2.1 配对练习

在右栏中找出与左栏中的术语最相匹配的解释，并将其首字母填写在相应术语的前面。

术语		解释
____（1）	0234	（a）字符型字面值
____（2）	"a"	（b）字符串型字面值
____（3）	956	（c）八进制 int 型字面值

续表

术语			解释
____	（4）	056L	（d）八进制 unsigned int 型字面值
____	（5）	538L	（e）八进制 long 型字面值
____	（6）	956U	（f）八进制 long long 型字面值
____	（7）	.992E15L	（g）八进制 unsigned long 型字面值
____	（8）	0X567UL	（h）八进制 unsigned long long 型字面值
____	（9）	0.6E-9	（i）十进制 int 型字面值
____	（10）	0X4000LL	（j）十进制 unsigned int 型字面值
____	（11）	7897UL	（k）十进制 long 型字面值
____	（12）	'A'	（l）十进制 long long 型字面值
____	（13）	06235ULL	（m）十进制 unsigned long 型字面值
____	（14）	765ULL	（n）十进制 unsigned long long 型字面值
____	（15）	0X96U	（o）十六进制 int 型字面值
____	（16）	.994-E9F	（p）十六进制 unsigned int 型字面值
____	（17）	4000LL	（q）十六进制 long 型字面值
____	（18）	0X689EL	（r）十六进制 long long 型字面值
____	（19）	0956LL	（s）十六进制 unsigned long 型字面值
____	（20）	0589UL	（t）十六进制 unsigned long long 型字面值
____	（21）	0XA4E	（u）十进制 double 型字面值
____	（22）	0X56ULL	（v）十进制 long double 型字面值
____	（23）	052U	（w）十进制 float 型字面值

3.2.2 填空题

（1）数据对象的基本类型包括：________、________、________。

（2）在实现中包含有精确数据范围定义的两个头文件是________ 和 ________。

（3）浮点型数据在内存中的存储分为三部分：________、________、________。

（4）VS 2005 中数据类型 int，char，bool，float，double 的类型长度分别为：________、________、________、________和 ________。

（5）字面值-4.205，1200 和 6.7E-9 分别具有________、________和________位有效数字。

（6）字符串字面值"ab\\\c\ted\3\76"的长度是________。

（7）字符串字面值"It\'s\40an\40apple.\n"中含有________个字符。

（8）实数 562.0 和 0.027E8 对应的规格化浮点数分别为________和________。

（9）5876、0L、2.0E10、(long) 58762 中合法的长整型字面值是：________。

（10）C 语言中将-8 赋给一个无符号字符型变量，则它的内存数据形式是：________。

3.2.3 判断正误

（1）算法被认为是程序的灵魂，程序是根据算法编写出来的。

（2）可以把繁琐复杂的问题交给计算机，它可以根据具体问题进行具体分析，找出解决问题的算法从而达到节省人力、提高效率的目的。

（3）语句“char *str = "hello";”中，字符串字面值"hello"是数据对象，str 是该数据对象的标识符。

（4）数据有很多类型，不同类型在计算机内表示的数据范围不同。

（5）已知“short x = 0xabcde;”，则“printf（"%d\n",x）;”的输出结果是 703710。

（6）变量名唯一地标识了一个数据对象。

（7）语句“int x = 15, y = 45;”声明了两个 int 型变量，x、y 分别为数据对象 15 和数据对象 45 的标识符。

（8）语句“int x = 15, char s = 'h';”声明了两个变量，一个是 int 型变量 x，一个是 char 型变量 s。

（9）标识符由字母、数字或下划线组成，必须以字母或下划线开头。

（10）array-1 和 array_1 都是非法标识符。

（11）sum 和 Sum 是不同的标识符。

（12）语句“int include = 45, define;”是合法的。

（13）语句“flt = 95;”，定义了一个变量 flt，它是数据对象 95 的标识符。

（14）在程序运行过程中可以改变常量的值。

（15）程序中的变量必须先定义，后使用。

（16）如果整型字面值以数字 0 开头，则是十六进制数。

（17）scanf 函数中的输入参数必须是变量的地址。

3.2.4 简答题

（1）算法有哪几个特性？分别简述它们的含义。

（2）已知三角形的边长分别为 a，b，c，设计算法求出该三角形的面积（写出求解过程即可，不必写出代码）。

（3）求两个正整数的最大公约数和最小公倍数（写出求解过程即可，不必写出代码）。

（4）指出数据对象、数据类型、标识符、存储地址之间的关系（可举例说明）。

（5）对程序员来讲，掌握不同数据类型的数值范围很重要，为什么？

（6）如果要接收一个整数（0～65 535），要求尽可能地采用最小的内存空间存储，整数 var 应定义成什么类型？

（7）为什么应避免将一个很大的实数与一个很小的实数直接相加或直接相减？

（8）设“short a = 32767;”，则 a+1 的结果是什么？为什么？

（9）请分析下面的声明语句：指出语句功能、指出声明说明符及声明说明符列表。

① double x = 7.53, y = 86.953;

② extern double x = 5.86, y = 56.356;

③ static const float x = 5.26, y =5.89;

④ static volatile unsigned char s1 = "hello", s2 = "world";

（10）指出下列标识符哪些是非法的：INT、static、hour _world、fun-float、stu6、9uiyt、default、ifndef。

（11）请分别定义两个整型变量 x1、x2，它们的初始值分别为 15、152，两个双精度常量 x3、x4，它们的数值分别为 36.8、2e-5，并说明变量与常量的联系与区别。

（12）已知有“double x = 5.9634;”请写出与下面要求相对应的 printf 语句。

① 左对齐、宽度为 8 位、0 填充。

② 右对齐、宽度为 8 位、0 填充。

③ 左对齐、宽度为 8 位、0 填充、1 位小数。

④ 左对齐、宽度为 4 位、0 填充。

⑤ 右对齐、宽度为 4 位、0 填充。

⑥ 右对齐、宽度为 8 位、0 填充、对正数产生正号、对负数产生负号。

（13）已知有“int a, b; float x, y, z; char ch1, ch2;”，若输入流为：00010 #0002012#1.5#−3.75，−167.8#Aa#，接收输入以后 a = 10, b= 20, x = 1.5, y = −3.75, z = −167.8, ch1 ='A', ch2 ='a'，则相应的输入语句是什么？（要求：只用一个 scanf 实现）

3.2.5 输出结果题

阅读以下各程序的代码，写出程序运行的输出结果。

（1）本练习使用如下代码：

```
行号   /*源文件：test3_1.c*/
1     #include <stdio.h>
2     #include <stdlib.h>
3
4     int main(void)
5     {
6         int num1, num2, num3;
7         scanf("%f%f%f", &num1, &num2, &num3);
8
9         /*ToDo Code Here*/
10
11        system("PAUSE");
12        return 0;
13    }
```

① 若将以下代码放在上面程序的第 9 行，则输出结果是什么？假定用户输入 3，4，5。

```
printf("num1 = %d, num2 = %d, num3 = %d", num1, num2, num3);
```

② 若将以下代码放置在上面程序的第 9 行，则输出结果是什么？假定用户输入 12345，23456，34567。

```
printf("num1 = %3d, num2 = %6d, num3 = %8d", num1, num2, num3);
```

③ 若将以下代码放置在上面程序的第 9 行，则输出结果是什么？假定用户输入 20，21，26。

```
printf("num1 = %#x, num2 = %#x, num3 = %#x", num1, num2, num3);
```

（2）本练习使用如下代码：

```
行号  /*源文件: test3_2.c*/
1     #include <stdio.h>
2     #include <stdlib.h>
3
4     int main(void)
5     {
6         double num1, num2, num3;
7         scanf("%f%f%f", &num1, &num2, &num3);
8
9         /*ToDo Code Here */
10
11        system("PAUSE");
12        return 0;
13    }
```

① 若将以下代码放在上面程序的第9行，输出结果是什么？假定用户输入9.26、12.65、32.95。

```
printf("num1 = %f, num2 = %f, num3 = %f", num1, num2, num3);
```

② 若将以下代码放置在上面程序的第 9 行，输出结果是什么？假定用户输入 9.26、1682.65、32.95。

```
printf("num1 = %5f, num2 = %5f, num3 = %6f", num1, num2, num3);
```

（3）本练习使用如下代码：

```
行号  /*源文件: test3_3.c*/
1     #include <stdio.h>
2     #include <stdlib.h>
3
4     int main(void)
5     {
6         int x = 12345;
7         double y = 123.45678;
8         char ch[] = "123456";
9
10         /*Todo Code Here */
11
12        system("PAUSE");
13        return 0;
14    }
```

① 若将以下代码放在上面程序的第 10 行，输出结果是什么？

```
printf ("%-8.8d\n", x);
printf ("%08.4d\n", x);
```

```
printf ("%+8.5d\n", x);
printf ("% 8d\n", x);
printf ("%#8x\n\n", x);
```

② 若将以下代码放置在上面程序的第 10 行，输出结果是什么？

```
printf ("%-8.8f\n", y);
printf ("%08.4f\n", y);
printf ("%+8.5f\n\n", y);
```

③ 若将以下代码放置在上面程序的第 10 行，输出结果是什么？

```
printf("%-8.8g\n", y);
printf("%08.4g\n", y);
printf("%+8.5g\n\n", y);
```

④ 若将以下代码放置在上面程序的第 10 行，输出结果是什么？

```
printf("%-8.8s\n", ch);
printf("%08.4s\n", ch);
printf("%+8.5s\n\n", ch);
```

（4）本练习使用如下代码：

```
行号  /*源文件：test3_4.c*/
1     #include <stdio.h>
2     #include <stdlib.h>
3
4     int main(void)
5     {
6         int num;
7         printf("请输入 num 的值：\n");
8         scanf("%5d", &num);
9
10        /*ToDo Code Here*/
11
12        system("PAUSE");
13        return 0;
14    }
```

① 若将以下代码放在上面程序的第10行，输出结果是什么？假定用户输入12345678。

```
printf("从键盘上输入的数值为 %08d\n", num);
```

② 若将以下代码放置在上面程序的第 10 行，输出结果是什么？假定用户输入 12345678。

```
printf("从键盘上输入的数值为 %03d\n", num);
```

（5）本练习使用如下代码，如果输入数据为 100，输出结果是什么？

```
/*源文件: test3_5.c*/
#include <stdio.h>
#include <stdlib.h>

#define PI 3.1415926

int main(void)
{
    double Rad, Cir, Are;
    scanf("%lf", &Rad);

    Cir = 2 * PI * Rad;
    Are = PI * Rad *Rad;

    printf("半径为%f 的圆的周长是: %f \n", Rad, Cir);
    printf("半径为%f 的圆的面积是: %f \n", Rad, Are);

    system("PAUSE");
    return 0;
}
```

3.3 程序设计题

在完成上述实验的基础上，按要求完成下面的习题。

（1）编写一程序，求解一次方程 ax+b=0，程序提示用户输入 a 和 b 的值，然后输出方程的根。程序运行效果如下。

```
请输入一次方程的系数 a 和 b(以逗号隔开): 2,6↓
一次方程 2x+6=0 的根是: x = -3
```

编程提示：

① 求解一次方程的根，不用考虑 a = 0 的情况；

② 仿照上机实践 3.1.1 的步骤，先找出解决该问题的算法描述，再转化为程序语言，实现程序求解。

（2）编写一程序，程序提示用户输入一个角度值，然后输出该角度值的正弦、余弦、正切的值。程序运行效果如下。

```
请输入一个角度值: 30↓
six(30) = 0.500; cos(30) = 0.866; tan(30) = 0.577
```

编程提示：

① 仿照上机实践 3.1.1 的步骤，先找出解决该问题的算法描述，再转化为程序语言，实现程序求解；

② 求三角函数会用到 sin，cos，tan 函数，这三个函数定义在“math.h”文件中，故在

程序中要先包含这个头文件；

③ sin 函数的操作数为弧度，故对于用户输入的角度要先转化为弧度，转换公式为：y = x/180*pi，其中 pi 为用户定义的 double 型常量，为圆周率的值，在此取 3.1415926。

（3）打印方块。在控制台窗口内打印 2 × 5 的方块。

编程提示：

① 方块用转义字符'\024'打印；

② 要想出现方块的效果，需要在命令行下执行程序所生成的可执行文件，并且命令行窗口必须是全屏模式（按 Alt + Enter）。

（4）俄罗斯方块。在控制台窗口内打印模拟的俄罗斯方块。

（5）字符加密。简单字符加密的方法是：用原字母后面的第 i 个字符代替原字母，例如将"china"里每个字符都用它后面的第 4 个字符替代，也就是说用'g'代替'c'，用'l'代替'h'等，这样替换后密文为'glmre'。编写一程序，输入任意 5 个字符，然后用每个字符后面的第 6 个字符替代之，并输出相应的密文。

```
输入字符信息(5 个字符): Hebei↓
加密后字符信息: Nkhko
```

编程提示：

① 设定 5 个字符型变量，用来接收用户输入，注意输入格式与格式转换说明；

② 暂时不用考虑英文字母加密后变成什么字符的问题，如'z'加 6 后是否为英文字符不用考虑；

③ 字符的加法处理类似于整型数据的加法处理。

（6）成绩处理。编写一程序，接收从键盘输入的两个学生的学号、数学成绩、计算机成绩，分别存入 6 个变量中，然后打印出这两个学生的姓名和总成绩。

```
请输入第一个学生的学号、数学成绩、计算机成绩(以逗号隔开): 1, 88, 93↓
请输入第二个学生的学号、数学成绩、计算机成绩(以逗号隔开): 2, 83, 96↓
第一个学生的学号: 1, 总成绩: 181
第二个学生的学号: 2, 总成绩: 179
```

编程提示：

① 数据的输入、输出及注意事项，参考教材与上机实践 3.1.2；

② 总成绩即是数学成绩和计算机成绩的和，只需要一个加法运算符，可以参考教材例 3-34。

第4章 运算符与表达式

本章学习目标：

✓ 理解左值及右值。
✓ 掌握运算符的种类、重点掌握运算符优先级。
✓ 熟悉各种运算符的功能及相关表达式的求值方法。
✓ 了解 sizeof 运算符。
✓ 了解表达式副作用。
✓ 掌握显式类型转换的方法，了解隐式转换。
✓ 掌握溢出的计算方法，了解在什么情况下可能会造成溢出。

4.1 上机实践题

4.1.1 运算符与表达式

1．实验目的

（1）掌握各种运算符的使用条件及其作用。
（2）掌握运算符优先级关系。
（3）特别注意自增（++）和自减（--）运算符的使用。

2．实验步骤

步骤1：打开 VS 2005，建立本次实验的实验项目 demo4_1，并新建一个实验文件“demo4_1.c”。

步骤2：在“demo4_1.c”文件中输入以下代码。

```
/*源文件: demo4_1.c*/
#include <stdio.h>
#include <stdlib.h>

int main(void)
{
    /*变量声明*/
    int x, y;
    int a, b, c, d;
    int a1, b1, a2, b2, m, n;
    int i, j, s, t;
```

```
    int k, p, q;

    /*基本算术运算符*/
    x = 5, y = 3;
    printf("x / y = %d\n", x/y);
    printf("x %% y = %d\n", x%y);/*打印%号时,要用两个%号*/

  /*自增、自减运算符*/
  a = 3; b = 3;
  c = a++; d = ++b;
  printf("c = %d\t d = %d\n", c, d);

  a = b = 3;
  c = ++(a++);
  d = ++(++a);
  printf("c = %d\t d = %d\n", c, d);

  a = b = 3;
  c = a+ ++++a + a++;
  d = (b++) + (++b) + (b++);
  printf("c = %d\t d = %d\n", c, d);

  /*关系运算符*/
  a1 = 3; b1 = 4; a2 = 3; b2 = 4;
  m = (a1 == b1);
  n = (a2 = b2);
  printf("m = %d\t n = %d\n", m, n);

  /*逻辑运算符*/
  i = 1; j = 2; s = 1; t = 2;
  i-- >= 1 || j++ <= 3;
  --s >=1 && ++j <=3;
  printf("i = %d\t j = %d\n", i, j);
  printf("s = %d\t t = %d\n", s, t);

  /*逗号运算符*/
  k = 1;
  p = (k = 2, k++, q = k, q > k);
  printf("p = %d\t q = %d\t k = %d\n", p, q, k);

  system("PAUSE");
  return 0;
}
```

步骤 3：上述代码中有一行语句有错误，分析错误原因，并对代码进行修改，使程序输出正确结果。

3．实验结果/结论

（1）实验结果

✓ 上述代码中，语句“c = ++（a++）;” 编译不能通过。

✓ 注释上述错误代码后，运行结果如下。

```
x / y = 1
x % y = 2
c = 3   d = 4
c = 3   d = 5
c = 15  d = 12
m = 0   n = 4
i = 0   j = 2
s = 0   t = 2
p = 0   q = 3   k = 3
请按任意键继续. . .
```

（2）实验结论

✓ 进行基本运算时，要注意各个算术运算符的使用条件及其各自的使用场合。

✓ 前缀自增运算符在向外部表达式提供计算值（前缀自增运算表达式的计算结果作为外部表达式的一个操作数）之前执行操作数的自增；而后缀自增表达式在向外部表达式提供值之后进行操作数的自增。对于自减运算符，同样如此。

✓ 后增运算的结果只能作为右值，不能作为左值；而前增运算的结果可以作为左值。对于自减运算符，同样如此。

✓ 自增、自减运算符在连续使用的时候，容易产生难以理解的语句，因此在使用自增、自减运算符时，要特别注意避免语义不明的语句，可以通过增加括号修改运算顺序。

✓ 由关系运算符组成的关系表达式，运算结果是逻辑值，即 0 或 1。

✓ 进行逻辑运算时，注意短路求值的问题，即对于“操作数 1 &&操作数 2”（或“操作数 1 || 操作数 2”）的形式，若操作数 1 的运算结果已经为假（或真），则不再计算操作数 2。

✓ 逗号运算符的运算结果为最后一个操作数的运算结果。

4.1.2　类型转换

1．实验目的

（1）理解溢出的计算方法。

（2）掌握数据类型转换的两种方式。

2．实验步骤

本实验旨在体会不同数据类型转换的两种实现方式。

步骤 1：打开 VS 2005，建立本次实验的实验项目 demo4_2，并新建一个实验文件“demo4_2.c”。

步骤 2：在“demo4_2.c”文件中输入以下代码。

```
/*源文件: demo4_2.c*/
```

```c
#include <stdio.h>
#include <stdlib.h>

int main(void)
{
    /*变量声明*/
    int a = 100, b = -100;
    unsigned int c = a, d = b;
    long int e = 50000, f = 0xFFFFFFFF;
    int x1, x2;
    float x3;
    char ch;
    int y1;
    double y2, y3, y4;

    printf ("a = %d\t b = %d\n", a, b);
    printf ("a = %u\t b = %u\n", a, b);
    printf ("c = %u\t d = %u\n", c, d);

    c = a = e;
    d = b = f;

    printf ("a = %d\t b = %d\n", a, b);
    printf ("c = %u\t d = %u\n", c, d);

    x1 = 10; x2 = 3;
    x3 = 10;
    ch = 'a';
    y1 = x1/x2+ch;              /*隐式类型转换*/
    y2 = x1/x2+ch;              /*隐式类型转换*/
    y3 = (double)x1/x2+ch;      /*显式类型转换*/
    y4 = x3/x2+ch;              /*隐式类型转换*/

    printf ("y1 = %d\t y2 = %f\n", y1, y2);
    printf ("y3 = %f\t y4 = %f\n", y3, y4);

    system("PAUSE");
    return 0;
}
```

步骤 3：运行上述程序，观察实验结果。

3．实验结果/结论

（1）实验结果

```
a = 100  b = -100
a = 100  b = 4294967196
c = 100  d = 4294967196
a = 50000        b = -1
c = 50000        d = 4294967295
```

```
y1 = 100        y2 = 100.000000
y3 = 100.333333  y4 = 100.333333
请按任意键继续. . .
```


（2）实验结论

- ✓ 把一个负整数赋值给一个无符号整数时，将这个负整数的二进制形式对应的补码存入这个无符号的变量中。
- ✓ f 中存储的是 0xFFFFFFFF，请分析该值在内存中的存储情况。并按十六进制方式输出 f 的值，分析所输出的结果。
- ✓ 将一个长整数赋值给无符号变量时，按照长整型数值在内存中的存放方式直接赋值给无符号整型变量，数值不变。
- ✓ 在进行数据的混合运算时，低类型的数据会自动向高类型的数据转换；高类型数据向低类型数据赋值转换时，有可能会损失精度。
- ✓ 强制类型转换相对于隐式转换比较安全。

4.1.3 位运算

1．实验目的

（1）掌握按位运算的概念和方法，学会使用位运算符。

（2）学会通过位运算实现某些操作。

2．实验步骤

步骤 1：打开 VS 2005，建立本次实验的实验项目 demo4_3，并新建一个实验文件“demo4_3.c”。

步骤 2：在“demo4_3.c”文件中输入以下代码。

```
/*源文件: demo4_3.c*/
#include <stdio.h>
#include <stdlib.h>

int main(void)
{
    /*变量声明*/
    unsigned int x1, y1, z1, x2, y2, x3, y3, z3, y5, z5, y6, z6;
    char x4, y4, z4, x5, x6;
    int x7, y7;

    /*按位与*/
    x1 = 2;
    y1 = x1 & (~x1);      /*清零*/
    z1 = x1 & 255 ;      /*取一个数的低 8 位*/
    printf ("x1 = %u\t y1 = %u\t z1 = %u\n", x1, y1, z1);

    /*按位或*/
    y2 = x2 | 0377;                    /*将 x 的低 8 位置为 1*/
    printf ("x2 = %u\t y2 = %u\n", x2, y2);
```

```
    /*按位异或*/
    x3 = 2;
    y3 = x3 ^ 15;       /*将 x 的低 4 位翻转*/
    z3 = x3 ^ 0;        /*保留原值*/
    printf ("x3 = %u\t y3 = %u\t z3 = %u\n", x3, y3, z3);

    /*按位左移*/
    x4 = 'a';
    y4 = x4 << 4;       /*x4 左移 4 位*/
    z4 = x4 << 10;      /*x4 左移 10 位*/
    printf ("x4 = %d\t y4 = %d\t z4 = %d\n", x4, y4, z4);

    x5 = 'a';
    y5 = x5 << 4;       /*x5 左移 4 位*/
    z5 = x5 << -1;      /*x5 左移-1 位*/
    printf ("x5 = %d\t y5 = %u\t z5 = %u\n", x5, y5, z5);

    /*按位右移*/
    x6 = 'a';
    y6 = x6 >> 4;       /*x6 右移 4 位*/
    z6 = x6 << -1;      /*x6 右移-1 位*/
    printf ("x6 = %d\t y6 = %u\t z6 = %u\n", x6, y6, z6);

    x7 = 2;
    y7 = x7 >> 2;       /*x7 右移 2 位*/
    printf ("x7 = %d\t y7 = %d\n", x7, y7);

    system("PAUSE");
    return 0;
}
```

步骤 3：运行上述程序，观察实验结果。

3．实验结果/结论

（1）实验结果

```
x1 = 2  y1 = 0  z1 = 2
x2 = 2293624    y2 = 2293759
x3 = 2  y3 = 13         z3 = 2
x4 = 97         y4 = 16         z4 = 0
x5 = 97         y5 = 1552        z5 = 2147483648
x6 = 97         y6 = 6  z6 = 2147483648
x7 = 2  y7 = 0
请按任意键继续. . .
```

（2）实验结论

✓ 按位操作的操作数须均为整型。

✓ 按位与操作的主要作用有：清零一个单元、取一个数中某些指定位等。

✓ 按位或操作的主要作用有：使特定位翻转、保留原值、交换两个数值（见本章程序设计题)。

✓ 按位左移操作的结果是使数值乘以 2 的 n 次方。

✓ 左移操作时要注意数据类型之间的转换；如果左移的位数是负数，移位运算的结果是未定义的；如果左移的位数大于或等于转换后待操作数数值的位数，则移位运算的结果是未定义的。

✓ 按位右移操作的结果是使数值除以 2 的 n 次方。

✓ 右移操作时要注意数据类型之间的转换；如果右移的位数是负数，移位运算的结果是未定义的；如果右移的位数大于或等于转换后待操作数数值的位数，则移位运算的结果是未定义的。

✓ 在 VS 2005 中，若待移操作数为带符号的负数时，右移时在高位补 1。

4.2 理论解答题

4.2.1 配对练习

在右栏中找出与左栏中的术语最相匹配的解释，并将其首字母填写在相应术语的前面。

第一组：运算符含义匹配

术语	解释
____ (1)　,	(a) 不等于
____ (2)　=	(b) 按位或运算符
____ (3)　||	(c) 取余运算符
____ (4)　!=	(d) 按位异或
____ (5)　?:	(e) 逻辑与
____ (6)　|	(f) 逗号运算符
____ (7)　&&	(g) 间接选择运算符
____ (8)　<<	(h) 按位取反运算符
____ (9)　>>	(i) 赋值运算符
____ (10)　%	(j) 按位右移
____ (11)　<<=	(k) 逻辑非运算符
____ (12)　^	(l) 判等运算符
____ (13)　->	(m) 自减运算符
____ (14)　!	(n) 按位左移
____ (15)　~	(o) 条件运算符
____ (16)　&	(p) 按位左移赋值运算
____ (17)　--	(q) 逻辑或运算符
____ (18)　==	(r) 按位与运算符

第二组：已知“int a = 20; double x = 4.7; char r = 'a';”，试匹配下列表达式的值(各表达式互不影响)：

术语	解释
____（1） a++	（a） 165
____（2） ++r	（b） 20
____（3） r+a/3%4	（c） 40
____（4） r%18	（d） 50
____（5） 10*sizeof(int)	（e） 0
____（6） (a << 3)+5	（f） 'b'
____（7） a == 1	（g） 5
____（8） a=(a++, ++a,50)	（h） 7
____（9） floor(x+0.5)	（i） 97
____（10） x=(a++, r++)	（j） 99

4.2.2 填空题

（1）根据操作数个数运算符可分为：________、________和三元运算符，如“%”为________，“++”为________，“？：”为________。

（2）在语句“int x = 5;”中，________是左值，________是右值，________是运算符。

（3）设有“int x = 5, y = 3, z;”则语句“z = x/y;”执行完后 z 的值为________。

（4）设有“int x1 = 3, x2 = 3, y, z;”则语句“y = x1++;”执行后 x1 的值为________，y 的值为 ________，语句“z = ++x2;”执行后 x2 的值为________，z 的值为________。

（5）设有“int x1 = 3, x2 = 3;”，x1++的值为________，++x2 的值为________。

（6）设有“int x1 = 32, x2 = 32, y, z;”则语句“y = x1--;”执行后 x1 的值为________，y 的值为________，语句“z = --x2;”执行后 x2 的值为________，z 的值为________。

（7）设有“int x = 6, y = 9;”则语句“ y *= ++x;”执行后 y 的值为________。

（8）设有“int x = 16, y = 8;”则语句“y %= ++x;”执行后 y 的值为________。

（9）设有“int x1 = 9, x2 = 15, z;”，则语句“z = x1++ - --x2;”执行完后 z 的值为________。

（10）设有“int a = 9, b = 6;”则语句“a += b /= a-b;”执行后 a 的值为________，b 的值为________。

（11）若有“int x = 5, y = 10;”则执行语句“y *= ++x”后，x 和 y 的值分别为________、________。

（12）设有“int x = 56;”则表达式 x++ > ++x 的值为________，--x <= x-- 的值为________，x++ == x-- 的值为________，++x != --x 的值为________。

（13）“int x1 = 62, x2 = 26;” 则 x1*x2 >= x1 – x2 的值为________。

（14）假设编译器为 VS 2005，若有定义“ int x; double y; char s;”，则 sizeof（x）、sizeof（y）、sizeof（s）的值分别为________、________、________。

（15）若有“int x = 256, y = 120;”则 x << 3 和 y>>2 的值分别为________和________。

（16）若有“unsigned short int x = 95, y = 86;”则 x&y、x|y、x^y、x&&y、x||y 的值分别为：________、________、________、________、________。

（17）若有“int a = 12, b = 13;”则表达式(a&&b)&&b 的结果是________。

（18）若有“int a = 12, b = 13;”则表达式(a&b)&b 的结果是________。

（19）能正确表示数学关系“10 < a < 15”的 C 语言表达式是________。

（20）假设某表达式中包含 int，long，unsigned，char 类型的数据，则表达式最后的运算结果是________类型。

（21）设 x = 8.3, y = 3.8, 则(float)(x+y)/2+(int)x%(int)y 的值为________。

（22）设“int a; float f; double i;”则表达式 10+'a'+i*f 值的数据类型是________。

（23）已知 x 是一个 4 位十进制数，则它的百位数的 C 语言表达式是：________；它的十位数的 C 语言表达式是：________；它的个位数的 C 语言表达式是：________。

（24）若有“double f=((3.0, 4.0, 5.0),(2.0, 1.0, 6.0));”则 f 的值为________。

4.2.3 判断正误

（1）表达式 5 == x 错误，因为 x 作为左值必须出现在左面。

（2）二元运算符需要有两个操作数参与运算，这两个操作数既可为左值又可为右值。

（3）逻辑运算和关系运算的结果都只有 1 或 0 两种可能。

（4）在所有运算符中，只有一个三目运算符即条件运算符。

（5）运算符有优先级之分，在同一表达式或语句中，优先级高的先计算。

（6）位运算操作数的类型一定是整型。

（7）语句“short a; a = 32768;”可以正确赋值。

（8）语句“char a; a ='xy';”，不能正确赋值，' '中只能存放一个字符。

（9）逻辑运算符两侧操作数的数据类型只能是整型。

（10）当从键盘输入数据时，对于整型变量只能输入整型数值，对于实型变量只能输入实型数值。

（11）在 C 程序中，“%”是只能用于整数运算的运算符。

（12）在 C 程序中，无论是整数还是实数，都能被准确无误地表示。

（13）若 a 和 b 类型相同，在计算了赋值表达式 a = b 后，b 中的值将放入 a 中，而 b 中的值不变。

（14）在 C 语言中，int、char 和 short 三种类型的数据所占用的内存空间的大小是由所用机器的机器字长决定的。

4.2.4 简答题

（1）判断一个表达式为左值还是右值的条件是什么？

（2）指出下列操作符哪些是一元操作符、哪些是二元操作符、哪些是三元操作符，并说明如此分类的依据是什么。*、^、&、&&、!、～、?:、++、--、=、!=、%=、&=、<<=、<=、*=。

（3）C 语言运算符共有 10 类，请说明哪些类的运算符的结合律为从左至右，哪些类的运算符的结合律为从右至左，哪些类的运算符的结合律既有从左至右又有从右到左的。

（4）下列表达式中有哪些是合法的：(++) 5, "hello" = s, 5 += x, x = = 5, 5 = = x, 3 != 5, ++x, x++, x = x+y。

（5）设有“int x = 5, y = 6;”则语句“y = x +y;”执行完后 y 的值为多少？请写明运算顺序。

（6）设有“int x = 8, y = 7, z;” 则语句“z = 2 * x + y/3 – 9;”执行完后 z 的值为多少？

请写明运算顺序。

（7）设有“int x = 5, z; double y = 3;”，则语句“z = x/y;”执行完后 z 的值是多少？请写明运算顺序。

（8）设有“int x = 5, y = 9; double z = 2.5;” 则以下表达式的值分别为多少？x+y, x%y, x>=y, y+z, y/z, y %z, x >= y ? x&z : z|y, z >= x == y。请写明运算顺序。

（9）设有“a = 3, b = 4, c = 5, e = d = a, f;” 则表达式：f = a&&b + c ||(d >=e)+ !(e ==a)+ a%(a%f)的值为多少？请写出计算过程。

（10）设有定义“int x;”，则 x =((3<5, 3*5), 3 !=5)的值为多少？

（11）假定 a 为 int 型，x 为 double 型，指出下列各表达式值的类型：'x'+ 20、!x、0xabc、sizeof(bool)、exp(4)+2、shot(a)、x=a++、pow(a,4)、42.0f。

（12）设有“int x = 3, y = 4;”分别求出 x&y、x|y、（x&y）&（x|y）、（x&y）|（x|y）的值，并画出表达式运算过程中的内存存储示意图。

（13）语句“int x = 0XAEFB, y = x >>2;”执行后 y 的值为多少？请画出移位操作示意图。

（14）语句“int x = 0X9AB7, y = x << 3;”执行后 y 的值为多少？请画出移位操作示意图。

（15）已知有语句“int x = 0X3f, y = 93, z1, z2;”分别求出 z1 = x^y、z2 = ～（x+y）的值，并写出求解过程。

（16）已知有“unsigned short x = 65534, y = 102, z;”则表达式 x + y 的值为多少？请写明解题过程。

4.2.5 输出结果题

阅读以下各程序的代码，写出程序运行的输出结果。

（1）本练习使用如下代码：

```
行号 /*源文件: test4_1.c*/
1    #include <stdio.h>
2    #include <stdlib.h>
3
4    int main(void)
5    {
6        int x = 56, y = 19, z;
7
8        /*ToDo Code Here*/
9
10       printf ("%d %d %d\n", x, y, z);
11
12       system("PAUSE");
13       return 0;
14   }
```

① 若将以下代码放在上面程序的第 8 行，是否会产生编译错误？若编译正确，则写

出运行结果。

```
x++;
(z=x) += y;
```

② 若将以下代码放置在上面程序的第 8 行，输出结果是什么？

```
z = x-y++;
z *= (1562, x--, --y);
```

③ 若将以下代码放置在上面程序的第 8 行，输出结果是什么？

```
z = x ^ y;
z %= (x | y) > z ? x&&y : x&y;
```

（2）本练习使用如下代码：

```
行号  /*源文件: test4_2.c*/
1     #include <stdio.h>
2     #include <stdlib.h>
3
4     int main(void)
5     {
6         /*ToDo Code Here*/
7
8         printf ("a = %d, b = %d\n", a, b);
9
10        system("PAUSE");
11        return 0;
12    }
```

① 若将以下代码放在上面程序的第 6 行，输出结果是什么？

```
int a = 0x7FFFFFFF, b;
b = a+1;
```

② 若将以下代码放在上面程序的第 6 行，输出结果是什么？

```
long int a = 0x7FFFFFFF, b;
b = a+1;
```

③ 若将以下代码放在上面程序的第 6 行，输出结果是什么？

```
int a = 0x800000000, b;
b = a-1;
```

④ 若将以下代码放在上面程序的第 6 行，输出结果是什么？

```
int a = 0x80000000;
unsigned int b = a-1;
```

（3）本练习使用如下代码：

```
行号 /*源文件: test4_3.c*/
1    #include <stdio.h>
2    #include <stdlib.h>
3
4    int main(void)
5    {
6        char c1 = 'A', c2 = 'a';
7
8        /*ToDo Code Here*/
9
10       printf("%c\t %d\t %c\t %d\n", c1, (int)c1, c2, (int)c2);
11       printf("%c\t %d\t %c\t %d\n", c1+1, (int)(c1+1),c2+1, (int)(c2+1));
12
13       system("PAUSE");
14       return 0;
15   }
```

① 如果第 8 行未添加任何代码，则输出结果是什么？

② 若将以下代码放置在上面程序的第 8 行，则输出结果是什么？

```
c1 += (c2-c1-20);
c2 =  c1 +'10';
```

③ 若将以下代码放置在上面程序的第 8 行，则输出结果是什么？

```
c1 += (c2-c1-20);
c2 %= c1;
```

（4）本练习使用如下代码，输出结果是什么？

```
/*源文件: test4_4.c*/
#include <stdio.h>
#include <stdlib.h>

int main(void)
{
    printf("%d\t %d\t %d\n", sizeof(int *),sizeof(char));
    printf("%d\t %d\t %d\n", sizeof(short), sizeof(int));
    printf("%d\t %d\t %d\n", sizeof(long), sizeof(unsigned));
    printf("%d\t %d\t %d\n", sizeof(float), sizeof(long double));
    printf("%d\t %d\t %d\n", sizeof(char *), sizeof(double *));
    printf("%d\t %d\t %d\n", sizeof("97"), sizeof('a'), sizeof(97));

    system("PAUSE");
    return 0;
}
```

（5）本练习使用如下代码，输出结果是什么？

```
/*源文件：test4_5.c*/
#include <stdio.h>
#include <stdlib.h>

int main(void)
{
    int i = 0, j = 1, k;
    k = i += j;
    printf("i = %d\t j = %d\t k = %d\n", i, j, k);

    k = (i++)*(++j);
    printf("i = %d\t j = %d\t k = %d\n", i, j, k);

    k *= ++i * j--;
    printf("i = %d\t j = %d\t k = %d\n", i, j, k);

    system("PAUSE");
    return 0;
}
```

（6）本练习使用如下代码，输出结果是什么？

```
/*源文件：test4_6.c*/
#include <stdio.h>
#include <stdlib.h>

int main(void)
{
    int x = 042, y = 067, z;
    z = (x >> 2) & (y << 3);
    printf("z = %d\n", z);

    system("PAUSE");
    return 0;
}
```

4.3　程序设计题

在完成上述实验的基础上，按要求完成下面的习题。

（1）计算面积。编写程序，由用户输入三角形的三条边，计算三角形的面积。

编程提示：

① 三角形面积的计算公式为：$s=\sqrt{l(l-a)(l-b)(l-c)}$，其中 a、b、c 为三角形的三条

边，l 为三角形的周长，暂时不用考虑用户输入的三条边是否能构成三角形。

② 开方要用到数学函数 sqrt，故在程序中要包含头文件“math.h”。

（2）方程求解。编写一程序，求方程 $3\sin x+4\cos x=5$ 的解，其中方程的根 x 在 $(0, 2\pi)$ 之间，要求在控制台输出结果 x 的角度值即可。

编程提示：

① 三角方程的求解，应设法把两个三角函数值转化为一个三角函数值，如本题中：可以把 3 sin x+4 cos x=5，化为只含 sin（x+y）的形式，其中 y 为一个辅助变量，且 cosy－3/5；

② 求三角函数所对应的角度值，要用到反三角函数 asin，故在程序中要包含头文件“math.h”；

③ asin 函数求出的值为弧度，应把弧度转化为角度，转化公式为：x/pi*180，其中 x 为弧度值，pi 为用户定义的浮点型常量，即圆周率π的值。

（3）数值交换。编写一程序，由用户输入两个数据 a 和 b，输出交换后的 a 和 b 的值。

（4）数值交换。交换两个数据 a 和 b 的值，要求不借助第三个变量。

（5）数值交换。要求利用位操作，不借助第三变量，交换两个整数 a 和 b（提示：利用按位异或运算符^）。

（6）数值循环交换。对于输入的三个整数 a，b，c 进行循环交换，即 a = b，b = c，c = a。

（7）成绩判断。编写一个程序，对用户输入的一个学生成绩进行处理，若该学生成绩≥60，则输出“Pass!”，否则输出“No Pass!”（提示：用三目操作符“?:”判断学生成绩是否≥60）。

（8）最大成绩。编写一个程序，由用户输入三个学生的成绩，输出三个成绩中的最大者（提示：用三目操作符“?:”和数据交换来求得最大值）。

（9）平均成绩。编写一个程序，由用户输入三个学生的成绩，计算三人的平均成绩，要求平均成绩保留 2 位小数（提示：若输入的学生成绩为整型数据，则求平均成绩时，要注意类型转换问题）。

（10）分数相加。编写一个程序，以两个分数的分子和分母为输入，在控制台窗口内显示这两个分数相加后的分子和分母。运行效果如下。

```
请输入第一个分数的分子和分母(以逗号隔开): 1,3↓
请输入第二个分数的分子和分母(以逗号隔开): 2,5↓
两个分数相加的结果是(分子、分母之间用逗号隔开): 11,15
```

编程提示：

① 暂时不用考虑求和后分子和分母的约减，例如：3/4 + 3/4 = 6/4，不用计算出 3/2；

② 暂时不用考虑求和后分子和分母的约减，分母约减为 1 的情况，例如：3/2 + 3/2 = 6/2，不用计算出 3。

（11）城市规划者提议节约用水，并建议将整个社区的马桶替换为低冲水量型号的马桶，每次冲水仅 2 升，假定 3 个人拥有一个马桶，旧马桶每次冲水平均用 15 升水，每个马桶每天平均冲水 14 次。安装每个新马桶的费用为 150 元，每吨水的价格为 4 元。编写一个程序，输入社区人数，然后测算一下每天节约的用水量和一年总共节约的开销（一年 365 天，1 吨 = 1000 升）。

第 5 章　控制流与面向过程的程序设计

本章学习目标：

✓ 掌握算法的三种基本结构。

✓ 理解控制算法运行路径的方法。

✓ 掌握逻辑运算符、逻辑表达式在选择结构、循环结构中的作用。

✓ 熟练使用顺序结构、条件结构、循环结构，学会算法流程图的描述法。

✓ 掌握语句的概念，熟练使用 if-else、switch、for、while、do-while 等语句。

✓ 掌握多重循环执行的分析方法。

✓ 能设计简单的算法，并根据算法编写程序。

✓ 能读懂算法流程，并根据算法编写程序。

5.1　上机实践题

5.1.1　顺序和选择结构

1．实验目的

（1）掌握逻辑运算符、逻辑表达式在选择结构中的作用。

（2）熟练掌握 if 语句和 switch 语句的使用。

（3）学习在 VS 2005 环境中排错处理、调试程序的一些方法。

2．实验步骤

步骤 1：打开 VS 2005，建立本次实验的实验项目 demo5_1，并新建一个实验文件“demo5_1.c”。

步骤 2：在“demo5_1.c”文件中输入以下代码。

```
/*源文件: demo5_1.c*/
#include <stdio.h>
#include <stdlib.h>

int main(void)
{
    int score;
    printf("输入一个学生成绩: ");
    scanf("%d", &score);
```

```
    /* 成绩判断处理 */
    /*ToDo Code Here*/

    system("PAUSE");
    return 0;
}
```

步骤 3：把以下代码添加到“demo5_1.c”代码文件中，观察实验结果。

```
if (score >= 90)
    printf("A\n");
else if (score >= 80)
    printf("B\n");
else if (score >= 70)
    printf("C\n");
else if (score >= 60)
    printf("D\n");
else printf("E\n");
```

步骤 4：把以下代码添加到“demo5_1.c”代码文件中，观察实验结果。

```
switch (score/10)
{
case 10:
case 9:
    printf("A\n");
    break;
case 8:
    printf("B\n");
    break;
case 7:
    printf("C\n");
    break;
case 6:
    printf("D\n");
    break;
default:
    printf("E\n");
    break;
}
```

步骤 5：继续步骤 4，再次运行程序，输入成绩为-68，显然是输入出错，不应给出成绩等级，修改程序，使之能正确处理任何数据。当输入数据大于 100 或小于 0 时，提示用户输入错误，程序结束。

3．实验结果/结论

（1）实验结果

✓ 步骤 3 和步骤 4 的运行效果完全一致。

✓ 对于出错处理，可以加 if 语句进行判断。

（2）实验结论

✓ 逻辑表达式的结果应该是一个逻辑量“真”或“假”，if 语句根据逻辑运算的结果，选择性地执行程序。

✓ if-else 语句在嵌套使用时，else 总是与它最近的 if 相结合。最好使用复合语句对有多个操作的语句进行处理，这样可以减少错误的发生。

✓ switch 后面括号内的“表达式”可以为任何类型的数据。

✓ switch 语句中：执行完一个 case 后面的语句后，流程控制转移到下一个 case 继续执行，除非遇到 break 语句。

✓ if-else 和 switch 语句的功能基本一样，能通过 switch 语句实现的功能，通过 if-else 语句完全可以实现。应该根据需要，选择合适的条件语句。

5.1.2 循环结构

1．实验目的

（1）掌握逻辑运算符、逻辑表达式在循环结构中的作用。

（2）熟练掌握三种循环结构的使用方法以及它们之间的相互转化。

（3）熟练掌握循环语句中 break、continue 的用法及其区别。

2．实验步骤

本实验旨在通过打印 1～10 之间的奇数值，体会不同循环各自的特点。

步骤 1：打开 VS 2005，建立本次实验的实验项目 demo5_2，并新建一个实验文件“demo5_2.c”。

步骤 2：在“demo5_2.c”文件中输入以下代码。

```
/*源文件: demo5_2.c*/
#include <stdio.h>
#include <stdlib.h>

int main(void)
{
    /*ToDo Code Here*/

    system("PAUSE");
    return 0;
}
```

步骤 3：把以下代码添加到“demo5_2.c”代码文件中，观察实验结果。

```
int i;
for (i = 1; i <= 10; i++)
```

```
{
    if (i%2 == 0)
       continue;
    printf("%d\t", i);
}
printf("\n");
```

步骤 4：把以下代码添加到“demo5_2.c”代码文件中，观察实验结果。

```
int i = 1;
while (i <= 10)
{
    if (i%2 == 0)
    {
        i++;
        continue;
    }
    printf("%d\t", i);
    i++;
}
```

步骤 5：继续步骤 4，把 while 循环中的 if 语句中的“i++;”语句删除，观察程序运行结果。

步骤 6：把以下代码添加到“demo5_2.c”代码文件中，观察实验结果。

```
int i = 1;
do {
    if (i%2 == 0)
        continue;
    printf("%d\t", i);
}while (++i <= 10);
```

步骤 7：继续步骤 6，把其中的“continue;”语句换为“break;”语句，再次运行程序，观察实验结果。

步骤 8：把以下代码添加到“demo5_2.c”代码文件中，观察实验结果。

```
int i = 1;
do {
    if (i%2 == 0)
        continue;
    printf("%d\t", i);
}while (++i <= 1);
```

3．实验结果/结论

（1）实验结果

✓ 步骤 3、4、6 的运行结果完全一致，均打印出 1～10 之间的奇数。

```
1       3       5       7       9
请按任意键继续. . .
```

✓ 对于步骤 5，若去掉 if 语句中的“i++;”语句，程序运行时会出现死循环。
✓ 对于步骤 7，若把 continue 语句换为 break 语句，程序运行结果如下。

```
1
请按任意键继续. . .
```

✓ 对于步骤 8，程序的运行结果如下。

```
1
请按任意键继续. . .
```

（2）实验结论

✓ 三种循环结构在本质上是等价的，即它们三者之间可以任意转化。
✓ 三种循环结构各有自己的适用场合：一般来说，当不知道循环次数时，可以考虑使用 while 语句；当不知道循环次数时，但循环至少执行一次时，使用 do-while 语句；for 语句最复杂也最灵活，一般在已知循环次数时可以考虑使用 for 语句。
✓ break 语句可以用在循环语句和 switch 语句中，用于跳出语句块。continue 语句用在循环语句中，用来结束本次循环，忽略后面的语句。

5.1.3 循环结构与穷举法

1．实验目的

（1）熟练掌握三种循环结构的使用。

（2）熟练掌握循环的嵌套使用。

（3）掌握在程序设计中使用循环实现一些常用算法（如穷举法）的方法。

2．实验步骤

本次实验通过打印“水仙花数”（见教材习题），来加深对循环语句使用的认识。

步骤 1：打开 VS 2005，建立本次实验的实验项目 demo5_3，并新建一个实验文件“demo5_3.c”。

步骤 2：在“demo5_3.c”文件中输入以下代码。

```
/*源文件: demo5_3.c*/
#include <stdio.h>
#include <stdlib.h>

int main(void)
{
    int i, j, k, tmp;
    /*ToDo Code Here*/
    for (i = 1; i <= 9; i++)
```

```
        for (j = 0; j <= 9; j++)
            for (k = 0; k <= 9; k++)
            {
                tmp = i*100+j*10+k;
                if (tmp == i*i*i+j*j*j+k*k*k)
                    printf("%d ", tmp);
            }
printf("\n");

system("PAUSE");
return 0;
}
```

步骤 3：运行上述程序，观察实验结果。

步骤 4：把上述程序中的代码部分换为以下代码，运行程序，观察实验结果。

```
int i, n, a, b, c;
for (i = 100; i <= 999; i++)
{
    n = i;
    c = n%10;
    n /= 10;
    b = n%10;
    n /= 10;
    a = n;
    if (a*a*a+b*b*b+c*c*c == i)
        printf("%d ", i);
}
printf("\n");
```

3．实验结果/结论

（1）实验结果

步骤 3、4 的运行结果完全一致，均打印出 1000 以内的“水仙花数”。

```
153 370 371 407
请按任意键继续. . .
```

（2）实验结论

✓ 循环语句在使用时可以嵌套使用，即一个循环语句的语句体又是一个循环语句，注意在嵌套使用时，各个循环语句的作用域。

✓ 对于遇到的问题，在多重循环可以解决，单重循环也可以解决的时候，一般可以优先选择多重循环，因为多重循环更容易理解。

✓ 穷举法的基本思想是：不重复、不遗漏地穷举所有可能情况，以便从中寻找满足条件的结果。

5.2 理论解答题

5.2.1 配对练习

在右栏中找出与左栏中的术语最相匹配的解释，并将其首字母填写在相应术语的前面。

第一组：

术语	解释
____（1）[圆角矩形]	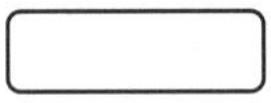 （a）处理框
____（2）[矩形]	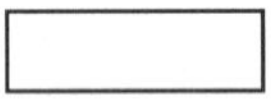 （b）输入输出框
____（3）[平行四边形]	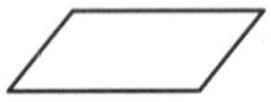 （c）流程线
____（4）[菱形]	 （d）判断框
____（5）[注释符号]	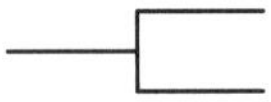 （e）注释框
____（6）[箭头]	 （f）连接点
____（7）[圆]	 （g）开始/终止框

第二组：

术语	解释
____（1）选择语句	（a）一种选择结构，只有在条件为真时才执行所标明的动作
____（2）;	（b）允许程序员指定在某种条件保持为真时，重复执行的操作
____（3）循环语句	（c）一种选择语句，分别指定条件为真和为假时执行的动作
____（4）程序控制	（d）指定语句在计算机程序中的执行顺序
____（5）if	（e）用于在循环开始执行之前，已知循环次数的情况
____（6）if-else	（f）一些包含在一对大括号中的语句
____（7）复合语句	（g）用于在循环开始执行之前，不知道循环次数的情况
____（8）while	（h）用于在程序中选择不同的动作的过程
____（9）do-while	（i）空语句
____（10）for	（j）一种循环语句。在循环的尾部测试循环继续条件，因此循环体至少能执行一次

5.2.2 填空题

（1）程序由算法映射而来，而算法可以借助________、________、________来设计。

（2）判断一个年份 year（int 型）是否为闰年的逻辑表达式为________。

（3）程序段：

```
int i = 1, j = 2, k = 3;
if(i++ ==1 && (++j == 3) || k++ == 3)
     printf("%d %d %d", i, j, k);
```

的输出结果是________。

（4）在大多数程序中，switch 语句中的每条 case 语句一般都会包含一条________语句。

（5）在循环语句中的循环继续条件无法为________时，会出现死循环。

（6）要跳出循环语句，可使用________语句。

（7）至少执行一次循环体的循环语句是________。

（8）执行语句“int n = 2, i = 3; for(n = 5; i >= 10; n++, i++) ;”后变量 n 的值为________，变量 i 的值为________。

（9）continue 语句可以出现在 for、while 和________语句中。

（10）已知有“int i;”，则执行语句“for(i = 1; i++ < 4;);”后变量 i 的值为________。

（11）已知有“int i = 5;”则执行语句“while(i++ < 5) ++i;”后 i 的值为________。

（12）已知有“int i = 5;”则执行语句“do{ ++i ; }while(i++ < 5);”后 i 的值为________。

（13）已知有“int x, y;”，则循环“for(x = 0, y = 0; (y = 123)&&(x <4); x++);”的执行次数是________。

（14）已知有“int s, i;”，则执行语句“for(s = 0, i = 1; i <= 10; i = i+3) s += i;”后变量 s、i 的值分别为________、________。

（15）执行语句“int s = 0, n = 5; while(--n) s+=n;”后变量 s、n 的值分别为________、________。

（16）已知有程序段“int n = 0, p; do{ scanf("%d", &p); n ++; } while(p!= 56 || n < 3);”，则循环终止的条件是：________。

（17）语句“for(i = 0; i == 0; i++);”的循环次数是________；

语句“for (i = 0; i = 0; i++);”的循环次数是________。

5.2.3 判断正误

（1）语句是构成程序的基本单位，C 语言的每条语句都以“;”结束。

（2）对象生存期和对象作用域是两个不同的概念，但一般来讲，同一对象的生存期要大于它的作用域。

（3）为了避免在嵌套的条件语句 if-else 中产生二义性，C 语言规定：else 子句总是与其之前最近的 if 配对。

（4）已知：“int a, b;”对于语句“if(a = b) printf("a = b\n");”在编译时，C 编译程序能指出该语句有语法错误。

（5）C 语言的 if 语句中，用做判断的条件表达式为逻辑表达式。

（6）逻辑表达式只能由逻辑运算符和关系运算符组成。

（7）逻辑表达式只能用在选择语句和循环语句中。

（8）if-else 语句和 switch 语句可以相互转化。

（9）表达式!x 等价于 x != 1。

（10）if (!x || a==b) 操作 1；
　　else 操作 2；
该语句块中 else 完全可以由 if (x && a!=b) 代替。
（11）switch 语句中多个 case 语句可以执行相同的程序段。
（12）switch 语句的表达式与 case 语句的表达式的类型必须一致。
（13）语句段“for(i = 8; ; --i)”终止时 i 的值为 0。
（14）while 语句有可能一次也不执行。
（15）do-while 语句的循环次数不可能为 0。
（16）选择结构、循环结构可以相互嵌套使用。
（17）do-while 语句构成的循环只能用 break 语句退出。
（18）continue 语句只能用于三个循环语句中。
（19）break 语句只能用于三个循环语句中。
（20）程序段：

```
int i;
for (i = 1; i <= 10; i++)
    for (i = 1; i < 5; i++)
        printf("i = %d\t", i);
```

中的 printf 语句执行次数为 40。

5.2.4 简答题

（1）解释选择语句的用途。
（2）使用伪码或流程图，举例说明顺序控制语句。
（3）使用伪码或流程图，举例说明 if-else 选择语句。
（4）说明 if 选择结构与 if-else 选择结构之间的差异。
（5）用 if-else 形式写出与“y = (x > 0 ? 1 : x < 0 ? -1 : 0);”功能相同的语句。
（6）使用伪码举例说明事先知道循环次数的循环结构。
（7）使用伪码举例说明事先不知道循环次数的循环结构。
（8）说明循环语句的用途。
（9）while 与 do-while 循环语句之间的区别是什么？
（10）为什么会出现死循环？如何防止这种情况的发生？
（11）画出下面问题的 N-S 图：
输入两个正整数 a 和 b，编写程序将这两个数合并为一个数放到 c 中，其中 a 的十位数放到 c 的个位，a 的个位放到 c 的千位，b 的十位数放到 c 的十位，a 的个位放到 c 的百位。
（12）画出下面问题的 N-S 图：
从键盘上输入三个数 a，b，c，若能构成三角形则计算它的面积，否则给出错误提示信息“ERROR”。
（13）画出下面问题的 N-S 图：
从键盘上输入三个数 a，b，c，若能构成三角形则计算它的面积并输出提示信息，否则给出提示信息“please input again!”，直到输入的三个数可构成三角形为止。

5.2.5 输出结果题

阅读以下各程序的代码，写出程序运行的输出结果。

（1）以下代码的输出结果是什么？画出与之对应的流程图。

```
/*源文件: test5_1.c*/
#include <stdio.h>
#include <stdlib.h>

int main(void)
{
    int hour, angle;
    for(hour = 1; hour <= 12; hour++)
    {
        angle = 360*hour/12;

        printf("%d\t", angle);

        if(hour%4 == 0)
            printf("\n");
    }

    system("PAUSE");
    return 0;
}
```

（2）本练习使用如下代码。

```
/*源文件: test5_2.c*/
#include <stdio.h>
#include <stdlib.h>

int main(void)
{
    int num1, num2, count = 0;
    scanf("%d%d", &num1, &num2);
    switch(num1%3)
    {
    case 0:
        count++;
        break;
    case 1:
        ++count;
```

```
        switch(num2%2)
        {
        case 0:
            count++;
            break;
        default:
            ++count;
        }
        default:
            count *= 2;
    }
    printf("%d\n", count);

    system("PAUSE");
    return 0;
}
```

① 如果输入 16　21，则输出结果是什么？画出与之对应的流程图。
② 如果输入 18　21，则输出结果是什么？画出与之对应的流程图。
（3）如下代码的输出结果是什么？画出与之对应的流程图。

```
/*源文件: test5_3.c*/
#include <stdio.h>
#include <stdlib.h>

int main(void)
{
    int num1 = 1, num2 = 2, num = 0;

    if (!(--num1)) num --;
    if (!num2) num = 7;
    else ++ num;
    printf("%d\n", num);

    system("PAUSE");
    return 0;
}
```

（4）本练习使用如下代码，输出结果是什么？画出与之对应的流程图。

```
/*源文件: test5_4.c*/
#include <stdio.h>
#include <stdlib.h>

int main(void)
```

```
{
    int n = 9;
    while(n > 5)
    {
        n--;
        printf("%d", n);
    }
    printf("\n");

    system("PAUSE");
    return 0;
}
```

（5）本练习使用如下代码，输出结果是什么？画出与之对应的流程图。

```
行号  /*源文件: test5_5.c*/
1     #include <stdio.h>
2     #include <stdlib.h>
3
4     int main(void)
5     {
6         int i = 0;
7         while(i < 10)
8         {
9             i++;
10            if(i < 9)
11            {
12                /*ToDo Code Here*/
13
14                printf("%d ", i*i);
15            }
16        }
17
18        system("PAUSE");
19        return 0;
20    }
```

① 若将以下代码放在上面程序的第 12 行，则输出结果是什么？

```
if (i == 5) break;
```

② 若将以下代码放置在上面程序的第 12 行，则输出结果是什么？

```
if (i == 5) continue;
```

（6）本练习使用如下代码，输出结果是什么？画出与之对应的流程图。

```
/*源文件: tes5_6.c*/
#include <stdio.h>
#include <stdlib.h>

int main(void)
{
    char c = 'A'; int k = 0;

    do{
       switch (c++)
       {
          case 'A': k++; break;
          case 'B': k--;
          case 'C': k += 2; break;
          case 'D': k %= 2; continue;
          case 'E': k *= 10; break;
          default: k /= 3;
       }
       k++;
    }while(c < 'G');

   printf("k = %d\n", k);

   system("PAUSE");
   return 0;
}
```

（7）本练习使用如下代码，输出结果是什么？画出与之对应的流程图。

```
/*源文件: test5_7.c*/
#include <stdio.h>
#include <stdlib.h>

int main(void)
{
    int i, j = 1;
    while(j < 3)
    {
        for(i = 0; i < 5; i++)
        {
            j = 9;
            j *= i;
            printf("%d\t" , j);
        }
        printf("\n");
```

```
        j += 2;
    }
    printf("%d\n", j);

    system("PAUSE");
    return 0;
}
```

5.3　程序设计题

在完成上述实验的基础上，按要求完成下面的习题。

（1）计算面积。编写程序，由用户输入的三角形的三条边，首先判断所输入三条边能否构成三角形，若能构成三角形，则计算该三角形的面积；否则提示用户输入错误。

（2）函数求值。对于用户输入的 x 的值，计算函数 $f(x)=\begin{cases} x^2+2x & x<0且x\neq -1 \\ 0 & x=0或x=\pm 1 \\ -x+1 & x>0且x\neq 1 \end{cases}$。

（3）九九乘法表。在控制台窗口内打印九九乘法表。

（4）九九乘法表。在控制台窗口内打印上三角形式的九九乘法表。

（5）九九乘法表。在控制台窗口内打印下三角形式九九乘法表。

（6）打印金字塔。在控制台窗口内打印任意层数的金字塔。首先提示用户输入金字塔的层数 n，然后打印出这个 n 层的金字塔。要求对输入的数据 n 进行数据合法性校验，若数据不合法，并不退出程序，而是提示用户再次输入 n。

（7）余弦曲线。在控制台窗口内绘制 $(0,2\pi)$ 内余弦曲线图像。运行效果如下。

（8）正弦曲线。在控制台窗口内绘制 $(0,2\pi)$ 内正弦曲线图像。

（9）最大公约数与最小公倍数。编写程序，计算由用户输入的两个自然数，求它们的最大公约数和最小公倍数。（提示：最大公约数的求法，可以采用辗转相除法）

（10）判断素数。对于用户输入的自然数 n，判断其是否为素数。

（11）分数运算。编写一个程序，首先在控制台窗口内打印分数四则运算菜单，然后根据用户选择分别输入两个分数的分子和分母，在控制台窗口内显示这两个分数经过所选运算后的分子和分母。要求程序应能处理用户输入分母为 0 的情况，同时要能够多次计算，直到用户输入退出为止，输出结果要输出最简分数形式。运行效果如下。

```
分数运算器:
------------------------------------
 [1]  加法      [2]  减法
 [3]  乘法      [4]  除法
 [0]  退出
--------------------------------------
请输入你选择的菜单(0~4):  a↓
Error: 菜单中没有本选项, 请重新输入!
请输入你选择的菜单(0~4): 1↓
请输入第一个分数的分子和分母: 1  6↓
请输入第二个分数的分子和分母: 1  3↓
1/6   +  1/3   =   1/2
请输入你选择的菜单(0~4): 0↓
```

(12)近似计算。利用公式 $e=1+\sum_{i=1}^{n}\frac{1}{i!}$，求出 e 的近似值，其中 n 由用户输入。

(13)递推求和。编写一个程序，求 $S_n=a+aa+aaa+\cdots+\underbrace{aa\cdots a}_{n个a}$ 的值(a 为不超过 10 的自然数)，其中 n 和 a 由用户输入，要求程序有适当的出错处理。

(14)级数求和。编写一个程序，求 $S=\frac{2}{1}+\frac{3}{2}+\frac{5}{3}+\frac{8}{5}+\frac{13}{8}+\frac{21}{13}+\cdots$ 的前 n 项和，其中 n 由用户输入。

(15)迭代求值。编写一个程序，利用公式 $x_{n+1}=\frac{1}{2}\left(x_n+\frac{a}{x_n}\right)$，求 $\sqrt{a}$ 的近似值，要求误差不大于 10^{-6}，其中 a 由用户输入。

编程提示：

① 迭代法求值时，应该先给 x 设定一个初始值，初始值可以随意设定，对于本题，显然可以设 x 的初值为不超过 a 的整数；

② 误差可以通过将迭代法求得的值 x 与调用 C 语言数学函数 sqrt 求得的值 y 进行比较来计算。

(16)方程迭代求解。利用迭代法求解方程：$4xe^x=1$ 在区间(0,1)内的一个根，要求精度小于 10^{-6}。

编程提示：

① 迭代求值的关键之处在于选择收敛的迭代公式，本题可以选择 $x=\frac{1}{4e^x}$；

② 初值的选择也比较关键，本题选择初值为 0.2。

(17)定理验证。编写一个程序，验证哥德巴赫猜想。哥德巴赫猜想是指：任何一个大偶数(大于 2 的偶数)都可以表示为两个素数之和。程序要求在控制台窗口内输出(10，100]之内的大偶数，并且输出可以表示它的两个素数，且对于每个大偶数，只要求输出其一组解即可。

（18）逻辑判断。三对情侣参加婚礼，三个新郎为 A、B、C，三个新娘为 X、Y、Z。司仪不知道谁和谁结婚，于是询问六位新人中的三位，听到的回答是这样的：A 和 X 结婚，X 和 C 结婚，C 和 Z 结婚。很显然三位都在开玩笑，那么，他们到底谁和谁结婚呢？编写程序实现判断。

（19）判断推理。A 说 B 在说谎，B 说 C 在说谎，C 说 A 和 B 都在说谎，编程判断到底是谁在说谎，谁说真话。

第6章 指 针 变 量

本章学习目标：

- ✓ 掌握指针声明符、指针变量的声明方法。
- ✓ 理解指针变量的两个关键点：存放地址、“捆绑”一块内存空间。
- ✓ 理解单重及多重指针的赋值，掌握通过指针访问所指内存空间中数据对象的方法。
- ✓ 理解 const 指针。
- ✓ 了解空指针及通用指针的作用。
- ✓ 了解指针变量的运算。

6.1 上机实践题

6.1.1 指针和指针变量

1．实验目的

（1）掌握指针声明符、指针变量的声明方法。

（2）理解单重及多重指针，掌握通过指针间接访问所指内存空间中数据对象的方法。

2．实验步骤

步骤 1：打开 VS 2005，建立本次实验的实验项目 demo6_1，并新建一个实验文件“demo6_1.c”。

步骤 2：在“demo6_1.c”文件中输入以下代码。

```
/*源文件: demo6_1.c*/
#include <stdio.h>
#include <stdlib.h>
#include <limits.h>                    /*定义各种数据类型的最大、最小值*/

int main(void)
{
    /*ToDo Code Here*/
    int x = 3;
    int *p;

    printf("x = %d\n", x);             /*打印 x 的数值*/
    printf("&x = %0X\n", &x);          /*打印 x 的地址*/
```

```
    printf("&p = %0X\n", &p);         /*打印 p 的地址*/
    printf("p = %0X\n", p);           /*打印 p 的数值*/
    printf("*p = %d\n", *p);          /*打印*p 的数值*/
    p = &x;                           /*指针 p 指向变量 x*/
    printf("p = %0X\n", p);           /*打印 p 的地址*/
    printf("*p = %d\n", *p);          /*打印*p 的数值*/

    system("PAUSE");
    return 0;
}
```

步骤 3：上述代码在程序运行时会出现运行时错误，找出错误代码，并分析错误原因。

步骤 4：用以下代码替换“demo6_1.c”代码文件中/*ToDo Code Here*/ 以下部分代码，观察实验结果。

```
int x = 3;
int *p = &x;

printf("&x = %0X\n", &x);             /*打印 x 的地址*/
printf("p = %0X\n", p);               /*打印 p 的数值*/
printf("&*p = %0X\n", &*p);           /*打印&*p 的数值*/

printf("x = %d\n", x);                /*打印 x 的数值*/
printf("*p = %d\n", *p);              /*打印*p 的数值*/
printf("*&x = %d\n", *&x);            /*打印*&x 的数值*/
```

步骤 5：用以下代码替换“demo6_1.c”代码文件中/*ToDo Code Here*/以下部分代码，观察实验结果。

```
int y = 0x89898;
double *q = (double*)&y;              /*定义 double 型指针*/
printf("y = %d\n", y);
printf("*q = %f\n", *q);

int z = 0x7fffffff;
short *r = (short *)&z;               /*定义 short 型指针*/
printf("z = %d\n", z);
printf("*r = %d\n", *r);
```

步骤 6：用以下代码替换“demo6_1.c”代码文件中/*ToDo Code Here*/以下部分代码，观察实验结果。

```
int x = 6;
int *px = &x;
int **ppx = &px;

printf("&x = %0X\n", &x);
```

```
printf("px = %0X\n", px);
printf("*ppx = %0X\n", *ppx);

printf("x = %d\n", x);
printf("*px = %d\n", *px);
printf("**ppx = %d\n", **ppx);

printf("&px = %0X\n", &px);
printf("ppx = %0x\n", ppx);
```

3．实验结果/结论

（1）实验结果

✓ 实验步骤 3 中："printf("*p = %d\n", *p);/*打印*p 的数值*/" 这一句会出错，原因是指针 p 在未指向变量 x 之前，其指向是不确定的，即可以指向任意位置，因此不能被访问。注释该语句后程序的运行效果如下。

```
x = 3
&x = 12FF60
p = CCCCCCCC
&p = 12FF54
p = 12FF60
请按任意键继续. . .
```

✓ 实验步骤 4 的运行效果如下。

```
&x = 12FF60
p = 12FF60
&*p = 12FF60
x = 3
*p = 3
*&x = 3
请按任意键继续. . .
```

✓ 实验步骤 5 的运行效果如下。

```
y = 563352
*q = -92559592123864336000000000000000000000000000.000000
z = 2147483647
*r = -1
请按任意键继续. . .
```

✓ 实验步骤 6 的运行效果如下。

```
&x = 12FF60
px = 12FF60
*ppx = 12FF60
x = 6
```

```
*px = 6
**ppx = 6
&px = 12FF54
ppx = 12ff54
请按任意键继续. . .
```

（2）实验结论

- ✓ 指针变量 p 也占据内存单元，程序中一旦定义指针变量 p，在内存中即为它分配了 4 个字节的内存空间，只是 p 所代表的内存单元只能存放其他对象的地址值。
- ✓ 在没有对指针变量进行初始化之前，不能访问指针变量 p 所指的内存单元，同时也不能访问指针变量 p 的数值。
- ✓ 通过指针变量 p，可以间接访问 p 所指向的单元中的数据。
- ✓ 若有“p = &x;”则有 x = = *p = = *&x，&x = = p = = &*p。
- ✓ 在使用指针变量时，指针变量的类型必须与所指变量的类型一致，否则可能会产生“内存扩充”或“内存截断”的现象，导致数据读取错误。
- ✓ 多重指针变量的使用类似于一重指针变量，必须注意两个方面：多重指针的类型和多重指针所指向的数据的类型。

6.1.2 const 指针

1. 实验目的

（1）理解 const 指针。

（2）熟练掌握 const 放在不同位置时指针的使用。

2. 实验步骤

步骤 1：打开 VS 2005，建立本次实验的实验项目 demo6_2，并新建一个实验文件“demo6_2.c”。

步骤 2：在“demo6_2.c”文件中输入以下代码。

```
/*源文件: demo6_2.c*/
#include <stdio.h>
#include <stdlib.h>

int main(void)
{
    /*ToDo Code Here*/
    int x = 1, y = 2;
    int * const p;                  /*定义指针变量 p*/
    const int *q;                   /*定义指针变量 q*/
    p = &x;                         /*使指针 p 指向变量 x*/
    q = &y;                         /*使指针 q 指向变量 y*/

    printf("x = %d\t *p = %d\n", x, *p);
    printf("y = %d\t *q = %d\n", y, *q);
```

```
    *p = 3;                              /*修改指针 p 所指变量的值*/
    p = &y;                              /*修改指针 p 的指向，使其指向 y*/
    *q = 4;                              /*修改指针 q 所指变量的值*/
    q = &x;                              /*修改指针 q 的指向，使其指向 x*/

    printf("x = %d\t *p = %d\n", x, *p);
    printf("y = %d\t *q = %d\n", y, *q);

    system("PAUSE");
    return 0;
}
```

步骤 3：上述代码会出现编译时错误，找出错误代码，并分析错误原因。修改错误，运行程序，观察实验结果。

步骤 4：用以下代码替换“demo6_2.c”代码文件中/*ToDo Code Here*/以下内容，运行程序，分析代码错误的原因。

```
int x = 3, y = 4;
int *px = &x, *py = &y;

int *const *ppx = &px;              /*声明的同时可以不初始化*/
int **const ppx_const = &px;        /*声明的同时必须初始化*/
/*声明的同时必须初始化*/
int *const *const const_ppx_const = &px;

ppx = &py;
*ppx = &y;                          /*错误*/
**ppx = 5;

ppx_const = &py;                    /*错误*/
* ppx_const = &y;
** ppx_const = 5;

const_ppx_const = &py;              /*错误*/
* const_ppx_const = &y;             /*错误*/
** const_ppx_const = 5;
```

3．实验结果/结论

（1）实验结果

✓ 实验步骤 3 中，有 4 处错误，分别是：

```
int *const p;
/*对于定义的 const 指针，定义时要初始化，应改为 int * const p = &x;并删除后面的语句
"p = &x;"*/

p = &y;
```

```
/*const 指针 p，不能修改其指向，应删去该语句*/

*q = 4;
/*q 的类型是 const int *型，不能修改其所指变量的值，应改为 y = 4;*/
```

程序修改后的运行结果如下：

```
x = 1    *p = 1
y = 2    *q = 2
x = 3    *p = 3
y = 4    *q = 3
请按任意键继续. . .
```

✓ 实验步骤 4，是对二重指针设定 const 修饰。

```
*ppx = &y;
/*二重指针 ppx 的 const 修饰符出现在*ppx 之前，故*ppx 的值不能改变*/

ppx_const = &py;
/*二重指针 ppx_const 的 const 修饰符出现在 ppx_const 之前，故 ppx_const
  的值不能改变*/

const_ppx_const = &py;
* const_ppx_const = &y;
/*二重指针 const_ppx_const 的 const 修饰符既出现在之前，又出现在之前，故
  const_ppx_const 和*const_ppx_const 的值均不能改变*/
```

（2）实验结论

✓ 声明指针变量时，若 const 出现在指针声明符中，则声明的同时必须指定该指针变量的初值，并且该指针变量的值自初始化后不可再改变。

✓ 声明指针变量时，若 const 仅出现在声明说明符中，则 p 所指向的单元中的值（即*p 的值）不可改变。

✓ 声明指针变量时，若 const 出现在声明说明符及指针声明符中，则 p、*p 的值都不可改变。

✓ 声明二重指针变量时，const 出现在第一个“类型限定符列表”中，而不出现在第二个“类型限定符列表”中，如：“int *const *p2;”，表示*p2 的值不可改变。

✓ 声明二重指针变量时，const 出现在第二个“类型限定符列表”中，而不出现在第一个“类型限定符列表”中，如：“int **const p2 = &p1;”，表示 p2 的值不可改变。

✓ 声明二重指针变量时，const 同时出现在两个“类型限定符列表”中，如：“int *const *const p2 = &p1;”，表示*p2 及 p2 的值都不可改变。

6.1.3 指针运算

1．实验目的

（1）进一步掌握指针的概念，深刻理解指针变量与内存地址的关系。

（2）理解指针变量的赋值、自增、自减、相减等运算。

2．实验步骤

步骤 1：打开 VS 2005，建立本次实验的实验项目 demo6_3，并新建一个实验文件“demo6_3.c”。

步骤 2：在“demo6_3.c”文件中输入以下代码。

```
/*源文件: demo6_3.c*/
#include <stdio.h>
#include <stdlib.h>

int main(void)
{
    /*ToDo Code Here*/
    int x = 3, y = 3;
    int *p = &x, *q = &y;

    if (p < q)                      /*等价于 if (&x < &y)*/
        printf("先定义的变量位于低地址处! \n");
    else
        printf("先定义的变量位于高地址处! \n");

    printf("p - q = %d\n", p-q);  /*指针相减表示两个指针
                                     所指内存单元之间的对象的个数*/

    printf("*++p = %d\n", *++p);  /*等价于*(++p)*/
    printf("++*q = %d\n", ++*q);  /*等价于++(*q), 即++y*/

    system("PAUSE");
    return 0;
}
```

步骤 3：运行上述程序，观察实验结果。

步骤 4：用以下代码替换“demo6_3.c”代码文件中/*ToDo Code Here*/以下内容，运行程序，观察实验结果，并分析该段代码的功能。

```
int val, count;
char *pointer;

printf("输入一个整数: ");
scanf("%d", &val);
printf("所输入整数的十六进制形式为: %08X\n", val);

pointer = (char*)&val;            /*字符型指针 pointer 指向 int 型变量 val*/
for (count = 0; count < sizeof(int); pointer++,count++)
    printf("第%d 个字节的十六进制形式是: %02X\n", count,
           *pointer);
```

3．实验结果/结论

（1）实验结果

✓ 实验步骤 3 的运行结果如下。

```
先定义的变量位于高地址处!
p - q = 3
*++p = -858993460
++*q = 4
请按任意键继续. . .
```

✓ 实验步骤 4。

程序的功能是用十六进制形式显示 int 型变量的每个字节。程序的运行结果如下。

```
输入一个整数: 12
所输入整数的十六进制形式为: 0000000C
第 0 个字节的十六进制形式是: 0C
第 1 个字节的十六进制形式是: 00
第 2 个字节的十六进制形式是: 00
第 3 个字节的十六进制形式是: 00
请按任意键继续. . .
```

（2）实验结论

✓ 若一个指针变量已经指向了一个对象，则指针变量可出现在表达式中，参与表达式的运算，只是在运算时需要注意运算符之间的结合性和优先关系。

✓ 指针变量之间可以进行关系运算、自增(减)运算、两个指针相减等运算。

✓ 指针变量自增(减)的结果是使指针变量指向内存中下一个位置(以指针变量的类型为单位)。

✓ 两个指针变量相减表示两个指针变量所指内存之间的对象个数(以指针变量的类型为单位)。

✓ 利用强制类型转换符可以实现不同类型指针变量之间的交叉赋值，但一般不要使用，因为这与指针的本质相违。

6.2 理论解答题

6.2.1 配对练习

已知

```
int x = 5;
int *p1 = &x;
int **p2 = &p1;
int ***p3 = &p2;
```

在右栏中找出与左栏中的值相等的表达式。

术语	解释
____（1）12	（a）**p2*3
____（2）-1	（b）--*p1*4
____（3）15	（c）++**p2+***p3
____（4）5	（d）**p2
____（5）16	（e）(***p3)+(**p2)*(*p1))
____（6）6	（f）***p3-6
____（7）30	（g）++*p1

6.2.2 填空题

（1）设有语句："double num1 = 5.63; double *p1 = &num1;"，则可输出指针变量 p1 存储首地址的语句是"printf ("%0X\n",________);"。

（2）若有"int x = 5, *p = &x;"，则与*&x 等价的表达式有________。

（3）已知"int x = 5, *p = &x;"，则表达式++*p 的值为________。

（4）已知有如下程序段：

```
int x = 3;
const int *p =&x;
printf("%d\t%0x\n", *p, p );
x = 9;
printf("%d\t%0x\n", *p, p );
```

若运行结果的第一行为 3　0X22FF74，则运行结果的第二行为________。

（5）下述程序段的功能是利用指针 p 求 1 到 100 的和，请填空。

```
int i, *p,sum = 0;
for(i = 1,_______; *p<=100;_______)
    sum += *p;
```

（6）下面程序段的功能是利用 void 指针输出变量 x 的值，请填空。

```
int x = 5;
void *p = &x;
printf("%d\n",_______);
```

6.2.3 判断正误

（1）若有"int *p, a =4;"和"p = &a;"，则*&p、&a、&p、&*p 的值均代表地址。

（2）指针变量都是通过"*"声明，通过"*"声明的变量也都是指针变量。

（3）通过类型限定符 const 声明常量和指针变量时，都应指定初值，且该值不能再改变。

（4）已知有

```
int x = 3;
```

```
int *p1 = &x, *p2 = p1;
```

则指针变量 p2 指向指针变量 p1 的存储地址。

（5）设 int 型指针变量 p 指向 0x22FF6C 起始的内存单元，int 型指针变量 q 指向 0x22FF68 起始的内存单元，则 p+q 构成的新变量指向值为 0x45FED4 起始的 4 个字节单元。

（6）若有定义“int x = 5, *p;”则通过语句“p = &x;”可把数据对象 x 的值传给指针变量 p。

（7）已知“int x = 9, **p2; p2 = &(&x);”，则“printf("%d\n", **p2);”的输出结果为 3。

（8）设有“int x = 8, const *p = &x;”则 p 和*p 的值都不可再改变。

（9）设有“int x = 8, *const p = &x;”则 p 和*p 的值都不可再改变。

（10）设有“int x = 8; const int * const p = &x;”则 p 和*p 的值都不可再改变。

（11）设有“int x = 8, const *p = &x;”则 x 的值不可再通过指针 p 改变，但可通过其他方式改变。

（12）语句“int *p = NULL;”定义了一个 int 型空指针，它的空指针字面值为 0。

6.2.4 简答题

（1）分析下面的声明：

① int a = 3;

② int a = 3, *p = &a;

③ int * const *p;

（2）已知程序段：

```
int a = 9, *p;
p = &a;
printf("%0X", p);
```

假设它的输出结果为 0X12FF7C，请画出变量 a 所占的内存空间示意图。

（3）设有“int x = 9; double y = 45.23; char z = 'A';”，请声明三个指针变量 p1、p2、p3，它们的值分别为数据对象 9，45.23，'A'的存储空间首地址，并给出输出变量 x、y、z 和指针变量 p1、p2、p3 的存储首地址的 C 语言语句。

（4）设有“int x = 5, *p1 = &x,　**p2 = &p1, ***p3 =&p2;”，画出上述语句的存储示意图，并列出与*p1、*p2、*p3、**p2、**p3、***p3 等价的表达式。

（5）已知有“int x = 5, *p1 = &x;”，请声明两个指针变量 p2, p3，分别为 x 的二重指针变量和 x 的三重指针变量，并画出它们在内存中的存储示意图。

（6）已知有“int *p1;”，分别根据下列要求声明二重指针 p2，使其指向 p1，并指出哪些情况必须在声明的同时进行初始化。

① p2 的值、*p2 的值和**p2 的值都可改变。

② p2 的值、*p2 的值和**p2 的值都不可改变。

③ p2 的值和*p2 的值可改变，但**p2 的值不可改变。

④ p2 的值和*p2 的值不可改变，但**p2 的值可改变。

⑤ p2 的值和**p2 的值可改变，但*p2 的值不可改变。

⑥ p2 的值和**p2 的值不可改变，但*p2 的值可改变。

（7）设有“int x = 9;”，请分别根据下列语句画出相应的内存存储示意图，并分析 const 修饰符的作用。

① int const *p1 = &x;

② int const *const *p2 = &p1。

③ int ** const p3 = &p1。

④ const int *const *const *p4 = &p2

⑤ const int **const * p5 = &p2;

⑥ const int *** p6 = &p2;

6.3 程序设计题

在完成上述实验的基础上，按要求完成下面的习题。

（1）指针是地址并且有数字值，可以用语句“printf ("%u\n", p);”来显示指针 p 的值。若有“int *p; double *q;”试编写程序，比较 p，p+1，q，q+1 的值，并对结果做出解释。

（2）数值交换。编写一程序，对用户输入的两个数据 a 和 b，输出交换后的 a 和 b 的值。（要求用指针实现两个数据的交换）

（3）密码破译。若密码的编码规则是把一个字符串的每个字符作为一个 int 型变量的一个字节，则破译密码的方法为：对于截获的一个 int 型变量，分别求出其每一个字节数值所对应的 ASCII 码，即得到一个原码。现获得的一个 int 型变量数据是 0X64696F76（十六进制），求其原码所代表的字符串（提示：参考上机实践 6.1.3）。

第 7 章　数　　组

本章学习目标：

- ✓ 掌握数组声明符的用法、数组声明的方法。
- ✓ 掌握一维数组、二维数组在内存中的存储。
- ✓ 掌握通过下标方式访问数组中各元素的方法。
- ✓ 掌握通过指向数组的指针访问数组中各元素的方法。
- ✓ 掌握字符数组与其他内置类型数组之间的细微差别。
- ✓ 重点掌握指向数组的指针及指针数组的声明、使用。

7.1　上机实践题

7.1.1　一维数组

1．实验目的

（1）掌握一维数组在内存中的存储结构，理解数组名和数组首地址之间的关系。

（2）掌握通过数组下标访问数组中各个元素的方法，理解数组随机存取的优点。

（3）掌握通过指针访问数组中各个元素的方法，理解数组名和指针之间的关系。

2．实验步骤

步骤 1：打开 VS 2005，建立本次实验的实验项目 demo7_1，并新建一个实验文件“demo7_1.c”。

步骤 2：在“demo7_1.c”文件中输入以下代码。

```
/*源文件: demo7_1.c*/
#include <stdio.h>
#include <stdlib.h>

#define SIZE 5;          /*定义一维数组存储空间大小*/

int main(void)
{
    /*ToDo Code Here*/
    int i, a[SIZE] = {1, 2, 3, 4, 5};
    for (i = 1; i <= SIZE; ++i)
        printf("a[%d] = %d\t", i, a[i]);
```

```
    printf("\n");

    system("PAUSE");
    return 0;
}
```

步骤 3：运行上述代码，观察实验结果。

步骤 4：用以下代码替换“demo7_1.c”代码文件中/*ToDo Code Here*/以下部分代码，运行程序，观察实验结果。

```
int i, a[SIZE] = {1, 2, 3, 4, 5};
for (i = 0; i < SIZE; ++i)
    printf("&a[%d] = %d\n", i+1, &a[i]);
printf("\n");
```

步骤 5：用以下代码替换“demo7_1.c”代码文件中/*ToDo Code Here*/以下部分代码，观察实验结果。

```
int a[SIZE] = {1, 2, 3, 4, 5};
printf("sizeof(&a) = %d\n", sizeof(&a));
printf("sizeof(a) = %d\n", sizeof(a));
printf("sizeof(&a[0]) = %d\n", sizeof(&a[0]));

printf("a+1 = %0X\n", a+1);
printf("&a+1 = %0X\n", &a+1);
printf("&a[0]+1 = %0X\n", &a[0]+1);
```

步骤 6：用以下代码替换“demo7_1.c”代码文件中/*ToDo Code Here*/以下部分代码，观察实验结果。

```
int i, a[SIZE] = {1, 2, 3, 4, 5};
int *p = a;
for (i = 0; i < SIZE; ++i)
    printf("a[%d] = %d\t", i, *(p+i));
printf("\n");
```

步骤 7：用以下代码替换“demo7_1.c”代码文件中/*ToDo Code Here*/以下部分代码，观察实验结果。

```
int i, a[] = {1, 2, 3, 4, 5};
int *q = a;
for (i = 1; i <= sizeof(a)/sizeof(int); ++i, ++p)
    printf("a[%d] = %d\t", i-1, *p);
printf("\n");
```

3．实验结果/结论

（1）实验结果

✓ 实验步骤 3 的运行结果如下。

```
a[1] = 2        a[2] = 3        a[3] = 4        a[4] = 5
a[5] = -858993460
请按任意键继续. . .
```

✓ 实验步骤 4 的运行结果如下。

```
&a[0] = 1245008
&a[1] = 1245012
&a[2] = 1245016
&a[3] = 1245020
&a[4] = 1245024
请按任意键继续. . .
```

✓ 实验步骤 5 的运行结果如下。

```
sizeof(&a) = 20
sizeof(a) = 20
sizeof(&a[0]) = 4
a+1 = 12FF54
&a+1 = 12FF64
&a[0]+1 = 12FF54
请按任意键继续. . .
```

✓ 实验步骤 6 的运行结果如下。

```
a[0] = 1        a[1] = 2        a[2] = 3        a[3] = 4        a[4] = 5
请按任意键继续. . .
```

✓ 实验步骤 7 的运行结果如下。

```
a[0] = 1        a[1] = 2        a[2] = 3        a[3] = 4        a[4] = 5
请按任意键继续. . .
```

（2）实验结论

- ✓ 数组是指存储在一块连续内存单元之间的数据元素，数组长度决定了这一块连续的内存单元中最多可以存放的数据元素的个数，即存储数据时，不能存储多于数组长度的数据。
- ✓ 数组中元素的存储，是从下标为 0 的位置开始的，在对数组进行访问时，要特别注意数组下标越界（包括超越下界与超越上界）问题。
- ✓ 数组中各个下标相邻的数据元素，在物理位置上也是相邻的，即在数组中，逻辑相邻的数据元素，其物理位置也是紧邻的。
- ✓ 对于定义的数组“int a[SIZE];”，a 代表的是数组在内存中存储的首地址；&a 代表的是大小为 SIZE 的数组在内存中存储的首地址；&a[0]代表的是 a 中第一个元素在内存中存储的首地址（注：在其他编译器中，上述结论可能不同）。

✓ 数组名在本质上是一个 const 指针，即其值不可改变的指针。因此可以设一个指针指向这个数组名，然后通过该指针即可对数组中的各个元素进行存取。

✓ 由于数组名代表数组整体在内存中存储的首地址，因此可以通过 sizeof(a)求出整个以 a 作为数组名的数组在内存中所占用的字节数。进一步，通过数组中元素的数据类型，可以求出当前数组的存储容量 N = sizeof（数组名）/ sizeof（数组中元素的数据类型）。

7.1.2 二维数组

1．实验目的

（1）理解二维数组在内存中的存储原理，掌握二维数组和一维数组之间的相互转化。

（2）理解二维数组行下标列下标同其在一维数组存储时逻辑位序之间的关系，熟练掌握通过二维数组行下标和列下标以及通过元素在一维数组中的逻辑位序访问数组元素的方法。

（3）掌握通过指针访问二维数组中各元素的方法。

2．实验步骤

步骤 1：打开 VS 2005，建立本次实验的实验项目 demo7_2，并新建一个实验文件“demo7_2.c”。

步骤 2：在“demo7_2.c”文件中输入以下代码。

```
/*源文件: demo7_2.c*/
#include <stdio.h>
#include <stdlib.h>

#define ROW = 2          *定义二维数组的行数*/
#define COL = 3          *定义二维数组的列数*/

int main(void)
{
   /*ToDo Code Here*/
   int i, j, a[ROW][COL] = { {1, 2, 3}, {4, 5, 6} };
   for (i = 0; i < ROW; ++i)
   {
       for (j = 0; j < COL; ++j)
           printf("&a[%d][%d] = %0X\n", i, j, &a[i][j]);
   }

   system("PAUSE");
   return 0;
}
```

步骤 3：运行上述代码，观察实验结果。

步骤 4：用以下代码替换“demo7_2.c”代码文件中/*ToDo Code Here*/以下内容，运行程序，观察实验结果。

```
int a[ROW][COL] = { {1, 2, 3}, {4, 5, 6} };
printf("sizeof(a) = %d\n", sizeof(a));
printf("sizeof(&a) = %d\n", sizeof(&a));
printf("sizeof(&a[0]) = %d\n", sizeof(&a[0]));
printf("sizeof(a[0]) = %d\n", sizeof(a[0]));
printf("sizeof(&a[0][0]) = %d\n", sizeof(&a[0][0]));
```

步骤 5：用以下代码替换“demo7_2.c”代码文件中/*ToDo Code Here*/以下内容，运行程序，观察实验结果。

```
int i, j, a[ROW][COL] = { {1, 2, 3}, {4, 5, 6} };
int b[ROW*COL];
for (i = 0; i < ROW; ++i)
{
    for (j = 0; j < COL; ++j)
        b[i*3+j] = a[i][j];
}
for (i = 0; i < ROW*COL; ++i)
{
    printf("%d\t", b[i]);
    if ((i+1) % COL == 0)
        printf("\n");
}
```

步骤 6：用以下代码替换“demo7_2.c”代码文件中/*ToDo Code Here*/以下内容，运行程序，观察实验结果。

```
int i, j, a[ROW][COL];
int b[ROW*COL] = {1, 2, 3, 4, 5, 6};
for (i = 0; i < ROW*COL; ++i)
    a[i/COL][i%COL] = b[i];

for (i = 0; i < ROW; ++i)
{
    for (j = 0; j < COL; ++j)
        printf("%d\t", a[i][j]);
    printf("\n");
}
```

步骤 7：用以下代码替换“demo7_2.c”代码文件中/*ToDo Code Here*/以下内容，运行程序，观察实验结果。

```
int a[ROW][COL] = { {1, 2, 3}, {4, 5, 6} };
int *p = &a[0][0];      /*a[0]代表二维数组元素的首地址*/
int i;
```

```
for (i = 1; i <= ROW*COL; ++i)
{
    printf("%d\t", *p++);
    if (i % COL == 0)
    printf("\n");

}
```

3．实验结果/结论

（1）实验结果

✓ 实验步骤 3 的运行结果如下所示。

```
&a[0][0] = 12FF4C
&a[0][1] = 12FF50
&a[0][2] = 12FF54
&a[1][0] = 12FF58
&a[1][1] = 12FF5C
&a[1][2] = 12FF60
请按任意键继续. . .
```

✓ 实验步骤 4 的运行结果如下所示。

```
sizeof(a) = 24
sizeof(&a) = 24
sizeof(&a[0]) = 4
sizeof(a[0]) = 12
sizeof(&a[0][0]) = 4
请按任意键继续. . .
```

✓ 实验步骤 5 的运行结果如下所示。

```
1       2       3
4       5       6
请按任意键继续. . .
```

✓ 实验步骤 6 的运行结果同实验步骤 5 的运行结果完全一致。

✓ 实验步骤 7 的运行结果同实验步骤 6 的运行结果完全一致。

（2）实验结论

✓ 声明一个二维数组 a[ROW][COL]，在内存中为这个二维数组分配一块连续的可以存放 ROW*COL 个数据元素的内存空间。即二维数组按行为主序，以一维数组的方式进行存储。

✓ 注意区分二维数组存储首地址、第一行元素的存储首地址、第一个元素的存储首地址之间的联系和区别。如对于二维数组 a[ROW][COL]：a 代表数组整体在内存中存储的首地址；&a 代表数组整体在内存中存储的首地址；a[0]代表数组第一行在内存中存储的首地址；&a[0]代表数组第一行在内存中存储的首地址；&a[0][0]代表数组第一行第一列的元素在内存中存储的首地址。

- ✓ 二维数组在内存中是按一维数组的方式存储的，因此二维数组和一维数组之间可以相互转化。转化的方法是：二维数组中元素 a[i][j]转化为一维数组 b 中的元素时，其一维下标为：i*COL+j；一维数组 b[i]转化为二维数组时，其二维下标为 a[i/COL][i%COL]。
- ✓ 二维数组同样可以利用指针来进行间接访问。只要找到二维数组逻辑意义上的第一个数据元素，就可以通过下标计算逻辑位序来依次访问每个结点。

7.1.3 字符数组

1．实验目的

（1）理解字符数组和字符串之间的区别，掌握字符串的输入输出等基本操作。

（2）理解二维字符数组的内涵。

（3）掌握利用指针操作字符串的基本方法。

2．实验步骤

步骤 1：打开 VS 2005，建立本次实验的实验项目 demo7_3，并新建一个实验文件“demo7_3.c”。

步骤 2：在“demo7_3.c”文件中输入以下代码。

```
/*源文件: demo7_3.c*/
#include <stdio.h>
#include <stdlib.h>

int main(void)
{
   /*ToDo Code Here*/
   int i
   char str1[6] = { 'h', 'e', 'l', 'l', 'o', '\0'};
   char str2[6] = {'h', 'e', 'l', 'l', 'o', '\0'};
   char str3[] = "hello";

   printf("str1 = ");
   for (i = 0; i < 6; ++i)
      printf("%c", str1[i]);
   printf("\n");

   printf("str2 = %s\n", str2);

   printf("str3 = %s\n", str3);

   system("PAUSE");
   return 0;
}
```

步骤 3：运行上述程序，观察实验结果。

步骤 4：用以下代码替换“demo7_3.c”代码文件中/*ToDo Code Here*/以下内容，运行程序，观察实验结果。

```
char str1[5] = { 'h', 'e', 'l', 'l', 'o'};
char str2[6] = "hello";

printf("str1 = %s\n", str1);
printf("str2 = %s\n", str2);
```

步骤 5：用以下代码替换“demo7_3.c”代码文件中/*ToDo Code Here*/以下内容，运行程序，观察实验结果。

```
char str[3][10] = {"张三", "20091056", "软件 2 班"};

for (i = 0; i < 3; ++i)
    printf("%s\t", str[i]);
printf("\n");
```

步骤 6：用以下代码替换“demo7_3.c”代码文件中/*ToDo Code Here*/以下内容，运行程序，观察实验结果。

```
char str[] = "hello";
char *p = str;

printf("p = %s\n", p);
while (*p != '\0')
printf("*p = %c\n", *p++);
```

3. 实验结果/结论

（1）实验结果

✓ 实验步骤 3 的运行结果如下。

```
str1 = hello
str2 = hello
str3 = hello
请按任意键继续. . .
```

✓ 实验步骤 4 的运行结果如下。

```
str1 = hello烫烫烫汰?k?↕
str2 = hello
请按任意键继续. . .
```

✓ 实验步骤 5 的运行结果如下。

```
张三    20091056        软件 2 班
请按任意键继续. . .
```

✓ 实验步骤 6 的运行结果如下。

```
p = hello
*p = h
```

```
*p = e
*p = l
*p = l
*p = o
请按任意键继续. . .
```

（2）实验结论

✓ 字符数组是一种特殊的一维数组，它的数据元素类型只能为字符型。

✓ 对于字符数组的处理，一般都是以整个字符串为单位进行。对于最后一个元素是'\0'的一维字符数组，其输入输出可以直接使用标准输入输出函数 scanf 和 printf 一次输入输出其数据元素。

✓ 字符数组的初始化有两种方式：一是普通数组方式；二是“字符串字面值”方式。

✓ 字符数组采用标准输入/输出函数进行输入/输出时，是以'\0'为结束标识的，若没有找到'\0'，则表明字符数组没有找到末尾，会出现不可认字符。

✓ 二维字符数组的每一行表示的是一个一维字符数组，即每一行是一个字符串。

✓ 字符串与字符指针的关系非常密切。定义一个字符指针指向一个字符串，就是把这个字符串所对应的字符数组的首地址赋值给了字符指针变量。而对于字符串的访问，完全可以通过字符指针变量进行间接访问。

✓ 通过字符指针和字符串之间的关系，可以很方便地处理关于字符串的一系列问题。如：字符串求串长、字符串复制、字符串比较等，只是需要注意对字符串结束标识'\0'的判断。

7.1.4 指针数组与数组指针

1. 实验目的

（1）理解元素为指针的数组（即指针数组）的内涵，能使用指针数组进行简单程序设计。

（2）理解数组指针的内涵，能简单地使用数组指针。

（3）掌握数组指针和指针数组之间的区别。

2. 实验步骤

步骤 1：打开 VS 2005，建立本次实验的实验项目 demo7_4，并新建一个实验文件“demo7_4.c”。

步骤 2：在“demo7_4.c”文件中输入以下代码。

```
/*源文件: demo7_4.c*/
#include <stdio.h>
#include <stdlib.h>

const int SIZE = 5;
const int ROW = 2;
const int COL = 3;

int main(void)
```

```
{
    /*ToDo Code Here*/
    int a[SIZE] = {1, 2, 3, 4, 5};
    int *p[SIZE];                    /*定义一个元素为指针的数组*/
    int i;

    for (i = 0; i < SIZE; ++i)
        p[i] = &a[i];                /*p[i]是一个指针，故其可以指向一个元素*/

    for (i = 0; i < SIZE; ++i)
        printf("%d\t", *p[i]);
    printf("\n");

    system("PAUSE");
    return 0;
}
```

步骤 3：运行上述程序，观察实验结果。

步骤 4：用以下代码替换“demo7_4.c”代码文件中 /*ToDo Code Here*/以下内容，运行程序，观察实验结果，并分析该段代码的功能。

```
int i;
int a[SIZE] = {1, 2, 3, 4, 5};
int (*p)[SIZE] = &a;        /*(*p)[SIZE]为一个数组指针，可指向长度相等
                              且类型一致的一维数组*/

for (i = 0; i < SIZE; ++i)
    printf("%d\t", (*p)[i]);  /*使用*(*p+i)得到相同结果*/
printf("\n");
```

步骤 5：用以下代码替换“demo7_4.c”代码文件中/*ToDo Code Here*/ 以下内容，运行程序，观察实验结果，并分析该段代码的功能。

```
int i, j;
int a[ROW][COL] = { {1, 2, 3}, {4, 5, 6} };
int (*p)[COL] = a;     /*使用 int (*p)[COL] = &a[0];得到相同结果*/

for (i = 0; i < ROW; ++i)
{
    for (j = 0; j < COL; ++j)
        printf("%d\t", p[i][j]);  /*使用(*(p+i))[j]得到相同结果*/
    printf("\n");
}
```

3．实验结果/结论

（1）实验结果

✓ 实验步骤 3 的运行结果如下。

```
1       2       3       4       5
请按任意键继续. . .
```

✓ 实验步骤 4 的运行结果同步骤 3 完全相同。

✓ 实验步骤 5 的运行结果如下。

```
1       2       3
4       5       6
请按任意键继续. . .
```

（2）实验结论

✓ 语句“int *p[SIZE];”，声明的是一个元素为指针的数组，即该数组的最大长度为 SIZE，且数组中的每一个元素均为指针，均可以指向一个 int 型数据。

✓ 语句“int (*p)[SIZE];”，声明了一个指向有 SIZE 个数据元素的一维数组的指针，即*p 等价于原一维数组的数组名。

✓ 语句“int (*p)[COL] = a;”，a 代表二维数组的首地址，与 a“捆绑”的是二维数组的第一行 COL 个元素的存储单元，p 指向一个有 COL 个元素的一维数组，即*p 等价于原二维数组的第一维的数组名。

✓ 数组指针和指针数组在使用时，要特别注意其本身类型，关键就是分析“*”和“[ ]”这两个运算符的优先级。确定数组指针或指针数组的类型以后，就可以分别把它们当作普通指针或普通数组进行访问。

7.2 理论解答题

7.2.1 填空题

（1）若有定义“int p[5] = {5, 10, 15, 20, 25};”，则*p+3 的值为________，*(p+3)的值为________，sizeof(p+1)的值为________，sizeof(&p+1)的值为________。

（2）已知有声明语句“int a[10][20];”，若数组中元素按行存储，则第 99 个元素的行下标为________，列下标为________；第 199 个元素的行下标为________，列下标为________。

（3）设有定义“int a[ ][3] = {0, 1, 2, 3, 4, 5, 6};”，则数组 a 有________行。

（4）设 a 是一个 15×16 的矩阵，则 a[8][10]在一维数组中的位置是________。

（5）设有定义“int a[10];”，则该数组名为________，该数组的第 6 个元素的等价表达形式有________，第 6 个元素地址的等价表达形式有________。

（6）若有“int array[5] = {2, 4, 6, 8, 10}, *p = &array[2];”，则*(p+2)的值为________。

（7）若有“int a[2][3];”，则与 a[1]等价的表达式有________。

（8）若有“char a[][7] = {"red", "green", "blue", "yellow"};”，则存储在一维字符数组第 16 个位置的字符为________。

（9）若有“char a[][10] ={"first", "second", "third", "firth"};”，则 a[2]的值为________，该二维字符数组中第 2 行第 7 列的元素为________。

（10）设“int a[10] = {1, 2, 3, 4, 5, 6, 7, 8, 9, 10};，int *p = &a[4], *q = p +3;”，则*p + *q =________。

（11）若有定义“char str[] = "ABCDE\0FGH ", *p = str;”，则语句“printf("%c", *p+7);”的输出结果是________，语句“printf("%s", str);”的输出结果是________。

（12）下面程序段输出“afternoon”，请填空。

```
char array[][10] = {"morning", "afternoon", "evening"};
printf("%s\n", _______);
```

（13）程序段

```
char a = 'A', b = 'B' , c = 'C';
char array[] = {++a, b+2, c+32};
int i;
for (i = 0; i < sizeof(array)/sizeof(char); ++i)
    printf("%c\t", array[i]);
printf("\n");
```

的输出结果是________。

（14）下面程序段的输出结果是“a b c d e”，请填空。

```
char array[6] = {"ABCDE"}, *p = array;
int i;
for (i = 0; i < sizeof(array)/sizeof(char);_______)
    printf("%c ", *p + 32);
```

（15）下面程序段的功能是用字符指针 p，输出 26 个大写英文字母，请填空。

```
char *p = NULL;
for (p = 'A'; *p != _______;________)
   printf("%c", *p);
```

（16）请根据下面代码的注释填空，要求不移动指针 p，不能用下标访问（即要求间接访问）。

```
int array[3][4] = {{1, 2, 3, 4},{5, 6, 7, 8},{9, 10, 11, 12}};
int (*p)[4] = array;
printf("%d\n",_______);     /*通过 p 输出 array[0][0]的值 1*/
printf("%d\n",_______);     /*通过 p 输出 array[1][0]的值 5*/
printf("%d\n",_______);     /*通过 p 输出 array[2][2]的值 11*/
```

7.2.2 判断正误

（1）数组的下标只能是整型字面值或整型表达式。

（2）只要是相同类型的对象，就可以存储在一个数组中，以方便操作。

（3）初始化一维数组时，如果不在声明的同时就指定数组初值，则必须指定数组的长度。

（4）数组中逻辑上相邻的数据元素，它们在内存中的存储位置也是相邻的。

（5）已知有“int array[3] = {1, 2, 3};”，则 array[3]中存储的数据元素为 3。

（6）已知有“int array[4] = {1, 2, 3};”，则 array[3]中存储的数据元素为 0。

（7）数组名是一个指针常量，不能对它进行赋值操作。

（8）若有定义“int a[5] = {5, 10, 15, 20, 25};”则*p+20 的值越界，结果为一个不确定的值。

（9）设有声明 int a[6] = {0, 1, 2, 3, 4, 5, 6}，则该数组的第 6 个元素为 6。

（10）通过语句“int a[3][ ] ={1, 2, 3, 4, 5, 6};”可声明一个 2×3 的数组。

（11）通过语句“int a[ ][2] ={1, 2, 3, 4, 5, 6};”可声明一个 3×2 的数组。

（12）二维数组在内存中是以一维数组形式存储的。

（13）设有定义“int a[3][4];”，则通过*(*(a+i)+j)可访问该数组第 i 行第 j 列的元素。

（14）用单个字符初始化一维字符数组时，初始化列表的最后一个字符必须是'\0'，否则不能通过数组名输出该字符串。

（15）用单个字符初始化一维字符数组时，如果没有指定此数组的长度且初始化列表的最后一个字符不是'\0'，则编译器没有办法找到字符结束的标志，将不能求出该字符数组的长度。

（16）已知“char a[] = "hello", b[] = {'h', 'e', 'l', 'l', 'o', '\0'};”，则 sizeof(a) < sizeof(b)。

（17）语句“int *p[10];”声明了 10 个 int 型指针，而语句 int (*p)[10]只声明了一个 int 型指针。

7.2.3 简答题

（1）结合前面的知识，指出普通变量声明、指针声明、数组声明、指针数组声明和数组指针声明有哪些异同。

（2）设有定义“int array[5] = {2, 4, 6, 8, 10};”，若 array[0]的存储首地址为 0X22FF50，请根据教材图 7-1 画出数组 array 的存储示意图。

（3）设有“int array[2][2] = {1, 2};”，第二行的 2 个数据元素分别为第一行数据的差与第一行数据的积。若 array[0][0]的存储地址为 0X22FF50，请根据教材图 7-2 画出数组 array 的存储示意图。

（4）比较一维数组存储和二维数组存储的异同。

（5）比较一维数组存取和二维数组存取的异同。

（6）设有“char array[][5] = {"zhao", "qian", "sun"};”，若 array[0][0]的存储首地址为 0X22FF50，请根据教材图 7-2 画出数组 array 的存储示意图。

（7）初始化字符数组时应该注意哪些问题？

（8）某班级有 36 名学生，每个学生的信息包括 name（长度小于 10 个字符）、number（长度小于 10 个字符）和 sex（“女”或“男”）。假设用三维字符数组 char student[36][3][10]表示 36 个学生的信息，请给出打印每一名学生信息的 C 语言语句，要求一个学生的信息占用一行。

（9）根据你目前所学知识，简述指针与数组之间的关系。

7.3　程序设计题

在完成上述实验的基础上，按要求完成下面的习题。

（1）斐波那契数列。已知二阶斐波那契数列 a_n 的定义如下：$a_0=0$，$a_1=1$，$a_2=1$，$a_3=2,\cdots,a_n=a_{n-2}+a_{n-1}$，试利用一维数组输出该数列的前 20 项。

（2）集合交集。集合表示的是一组元素，利用数组的方法，编写程序，求两个集合 $A=\{1,2,3,4,5\}$，$B=\{2,3,4,5,6\}$ 的交集 C。

（3）集合并集。集合表示的是一组元素，利用数组的方法，编写程序，求两个集合 $A=\{1,2,3,4,5\}$，$B=\{2,3,4,5,6\}$ 的并集 C。

（4）数组逆置。对于给定的一维数组 A[6] = {1, 2, 3, 4, 5, 6}，编写程序，求其逆置，即令 A[6] = {6, 5, 4, 3, 2, 1}。

（5）循环移位。对于给定的一维字符数组 str[6] = "tgrea"，使其每个字符左移 1 位，第 1 个字符移到数组最后位置，则移位后的一维字符数组 str[6] = "great"。

（6）统计数据。编写一个程序，首先提示用户输入一个字符串（不超过 100 个字符），然后分别统计所输入的字符串中大写英文字母、小写英文字母以及数字的个数，要求把统计的结果存放到一维数组 stat[3]中。

（7）数据查找。编写程序，在一维数组 a[10] = {1, 3, 2, 7, 5, 9, 10, 8, 4, 6}中，查找是否存在数据元素 5（提示：依次访问数组 a 的每一个元素，若某一个数据元素其值等于 5，则表明查找成功；若直到数组末尾，也没有找到值等于 5 的元素，则表明查找失败）。

（8）二分查找。编写程序，对于一维数组 a[10] = {1, 3, 5, 7, 9, 11, 13, 15, 17, 19}，利用二分查找法查找数组中是否存在数据元素 10。二分查找法的基本思想是：对于待查找区间内的 N 个元素 a[0]～a[N−1]，首先将待查元素 x 与待查区间中点元素 a[mid]（mid = (N−1)/2）进行比较，若 x == a[mid]，则表明查找成功；若 x < a[mid]，则表明待查元素 x 只可能在该中点元素的左边区间 a[0]～a[mid−1]中，然后只要在这个左边区间内查找即可；若 x > a[mid]，则表明待查元素 x 只可能在该中点元素的右边区间 a[mid+1]～a[N−1]中，然后只要在这个右边区间内查找即可。利用二分查找法，经过一次比较就使得查找区间缩小一半，因此相对于顺序查找，二分查找比较节省时间。

（9）交换排序。编写一个程序，对一维数组 a[6] = {1, 3, 4, 2, 5, 6}进行交换排序，使一维数组 a[6] = {1, 2, 3, 4, 5, 6}。交换排序的基本思想是：两两比较待排序元素，发现两个元素的次序与所要求次序相反时即进行交换，直到没有反序的元素为止（提示：使用二重循环）。

（10）有序插入。编写一个程序，在一个有序数组 a[10] = {1, 3, 5, 6, 8}中，插入数据元素 4，使数组 a 继续保持有序，即此时 a[10] = {1, 3, 4, 5, 6, 8}。

（11）进制转换。编写一个程序，根据用户输入的一个十进制非负整数，输出该整数的二进制形式。程序运行结果如下。

```
请输入一个十进制非负整数：123↓
十进制整数123的二进制形示为：1111011
请按任意键继续. . .
```

（12）矩阵转置。编写程序，对一个矩阵 A 自身进行转置运算。例如：$A=\begin{bmatrix}1 & 2 & 3\\4 & 5 & 6\\7 & 8 & 9\end{bmatrix}$，求其转置矩阵 $A=\begin{bmatrix}1 & 4 & 7\\2 & 5 & 8\\3 & 6 & 9\end{bmatrix}$。要求用二维数组实现，且只允许定义一个二维数组。

（13）矩阵加法。若矩阵 $A=\begin{bmatrix}1 & 2 & 3\\4 & 5 & 6\\7 & 8 & 9\end{bmatrix}$，矩阵 $B=\begin{bmatrix}-1 & 2 & 1\\2 & 1 & 1\\3 & -5 & 1\end{bmatrix}$，编写程序求其和矩阵 $C=\begin{bmatrix}0 & 4 & 4\\6 & 6 & 7\\10 & 3 & 10\end{bmatrix}$。

（14）矩阵乘法。若矩阵 $A=\begin{bmatrix}1 & 2 & 3\\4 & 5 & 6\\7 & 8 & 9\end{bmatrix}$，矩阵 $B=\begin{bmatrix}-1 & 2 & 1\\2 & 1 & 1\\3 & -5 & 1\end{bmatrix}$，编写程序求其乘积矩阵 $C=\begin{bmatrix}12 & -11 & 6\\24 & -17 & 15\\36 & -23 & 24\end{bmatrix}$。

（15）行列式计算。编写程序，利用二维数组计算三角矩阵 $A=\begin{bmatrix}1 & 2 & 3\\0 & 2 & -1\\0 & 0 & 2\end{bmatrix}$ 的行列式。

（16）行列式计算。编写程序，利用二维数组计算一般矩阵 $A=\begin{bmatrix}1 & 2 & 3\\2 & 6 & 5\\4 & 12 & 12\end{bmatrix}$ 的行列式。

提示：非三角矩阵行列式的计算方法是：首先通过高斯消元法把普通矩阵转化为上三角矩阵，然后再计算上三角矩阵的行列式。高斯消元法参考线性代数的部分内容。

（17）杨辉三角。利用二维数组，编写程序，打印 10 层的杨辉三角。运行结果如下（只显示了 5 层）。

```
1
1   1
1   2   1
1   3   3   1
1   4   6   4   1
```

（18）打印围墙。利用二维数组 A[4][4] = { {1, 1, 1, 1}, {1, 0, 0, 1}, {1, 0, 0, 1}, {1, 1, 1, 1} }，打印一个围墙（用字符'*'表示）。运行结果如下。

```
****
*  *
*  *
****
```

（19）字符串串长。编写程序，求字符串 str[ ] = "hello world! "的长度。

（20）字符串复制。编写程序，为字符串 str1[ ] = "hello world! "建立一个副本 str2。

（21）字符串连接。编写程序，将字符串 str1[ ] = "hello"，str2[ ] = " world!"连接成一个新的字符串 str3[ ] = "hello world!"。

（22）成绩处理。编写程序，首先提示用户输入 10 个学生的成绩信息（包括每个学生的姓名、学号、数学成绩、计算机成绩），然后根据用户输入的 10 个学生成绩，实现输出学生信息、查找学生信息（按姓名查找）、对学生按总成绩排序输出显示等功能。要求：程序界面给出适当的功能菜单，以接受用户选择。程序运行效果如下所示。

```
成绩处理
------------
[1] 信息输入
[2] 信息输出
[3] 查找信息
[4] 成绩排序
[0] 退出
请输入您的选择（0~4）：1↓
请输入第 1 个学生的信息（按姓名、学号、数学成绩、计算机成绩输入，中间加空格）：
张三 2009001 85 89
请输入第 2 个学生的信息（按姓名、学号、数学成绩、计算机成绩输入，中间加空格）：
李四 2009002 86 78
（以下省略）
请重新输入您的选择（0~4）：2↓
姓名  学号       数学成绩 计算机成绩 总成绩
张三  2009001         85         89     174
李四  2009002         86         78     164
（以下省略）
请重新输入您的选择（0~4）：3↓
请输入要查找的学生姓名：张三↓
查找成功！该学生信息如下：
张三  2009001         85         89     174
请重新输入您的选择（0~4）：3↓
请输入要查找的学生姓名：张五↓
查找失败！无该学生信息。
请重新输入您的选择（0~4）：4↓
按总成绩排序成功！
请重新输入您的选择（0~4）：0↓
```

编程提示：

① 可以设置 5 个数组，分别存储 10 个学生的姓名、学号、数学成绩、计算机成绩和总成绩，其中学生的姓名和学号设定为字符串数组类型（即二维字符数组），成绩设定为 int 型。

② 菜单的重复显示，可以使用 while 循环实现。

③ 查找算法可以参考主教材 7.3.7 节内容。

④ 排序算法可以参考主教材 7.3.9 节内容。需要注意的是排序时是按总成绩进行排序的，要把每个学生的每一项信息（姓名、学号、数学成绩、计算机成绩和总成绩）全部交换。

第 8 章　函　数

本章学习目标：

- ✓ 理解“函数”与“面向过程的编程”的关系。
- ✓ 掌握函数原型声明与原型定义的方法。
- ✓ 深入理解参数传递，尤其是“传递地址”的情况。
- ✓ 理解生存期与作用域的概念。
- ✓ 了解函数指针的声明、使用。
- ✓ 掌握 typedef 的各种用法。
- ✓ 了解程序在内存中的存储，掌握如何从堆中申请内存，如何使用和释放堆中内存。
- ✓ 掌握嵌套调用、递归函数的分析方法。

8.1 上机实践题

8.1.1 函数参数及函数返回值

1．实验目的

（1）深入理解参数传递，尤其是理解“传递地址”的情况。

（2）掌握指针和数组作为形参的执行原理及使用方法。

（3）掌握通过形式参数，得到多个返回值的方法。

2．实验步骤

步骤 1：打开 VS 2005，建立本次实验的实验项目 demo8_1，并新建一个头文件“function.h”和源文件“function.c”。

步骤 2：在“function.h”和“function.c”文件中分别输入以下代码。

```
/*头文件：function.h*/
#ifndef _function_H_
#define _function_H_

int sum(int *p, int n);  /*求一个数组的元素之和*/

#endif _function_H_

/*源文件：function.c*/
#include <stdio.h>
```

```
#include <stdlib.h>
#include "function.h"

int sum(int *p, int n)  /*求数组 p 的元素之和*/
{
    int i, sum = 0;
    printf("sizeof(p) = %d\n", sizeof(p));

     for (i = 0; i < n; ++i)
         sum += p[i];
     return sum;
}
```

步骤 3：在实验项目 demo8_1 中，新建一个源文件“demo8_1.c”，并输入以下代码。

```
/*源文件: demo8_1.c*/
#include <stdio.h>
#include <stdlib.h>
#include "founction.h"

int main(void)
{
    /*Todo Code Here*/
    int a[5] = {1, 2, 3, 4, 5};
    int b = 6;

    printf("sum(a, 5) = %d\n", sum(a, 5));
    printf("sum(&b, 1) = %d\n", sum(&b, 1));

    system("PAUSE");
    return 0;
}
```

步骤 4：运行上述程序，观察实验结果，并分析实验结果。

步骤 5：在“function.h”文件中加入函数原型语句“int* max_min(int *p, int n); /*求一个数组的最大值和最小值*/”，同时把以下代码添加到“function.c”文件中。

```
int* max_min(int *p, int n)  /*求一个数组的最大值和最小值*/
{
     /*分别将最大值和最小值赋初值为数组的第一个元素*/
    int i, max_min[2] = { p[0], p[0] };
    for (i = 0; i < n; ++i)
    {
        if (max_min[0] < p[i])
            max_min[0] = p[i];
        if (max_min[1] > p[i])
```

```
            max_min[1] = p[i];
    }

    return max_min;
}
```


步骤 6：用以下代码替换“demo8_1.c”代码文件中 /*ToDo Code Here*/以下部分代码，运行程序，观察实验结果。

```
int a[5] = {1, 2, 3, 4, 5};

int *p = max_min(a, 5);
printf("max(a) = %d\n", p[0]);
printf("min(a) = %d\n", p[1]);
```

步骤 7：用以下代码替换“demo8_1.c”代码文件中/*ToDo Code Here*/以下部分代码，运行程序，观察实验结果，并与实验步骤 6 的结果进行对比，分析对比结果。讨论若要得到正确的最大值和最小值，应如何处理。

```
int a[5] = {1, 2, 3, 4, 5};

int *p = max_min(a, 5);
printf("min(a) = %d\n", p[1]);
printf("max(a) = %d\n", p[0]);
```

步骤 8：在“function.h”文件中加入函数原型语句“void max_min_2(int *p, int n, int *result); /*求一个数组的最大值和最小值*/”，同时把以下代码添加到“function.c”文件中。

```
void max_min_2(int *p, int n, int *result)  /*求数组的最大值和最小值*/
{
     /*分别将最大值和最小值赋初值为数组的第一个元素*/
    int i;
    result[0] = result[1] = p[0];
    for (i= 0; i < n; ++i)
    {
        if (result[0] < p[i])
            result[0] = p[i];
        if (result[1] > p[i])
            result[1] = p[i];
    }
}
```

步骤 9：用以下代码替换“demo8_1.c”代码文件中/*ToDo Code Here*/以下部分代码，运行程序，观察实验结果。

```
int a[5] = {1, 2, 3, 4, 5};
int i, result[2];
```

```
max_min_2(a, 5, result);

printf("max(a) = %d\n", result[0]);
printf("min(a) = %d\n", result[1]);
```

3．实验结果/结论

（1）实验结果

✓ 实验步骤 4。

① 程序运行结果如下。

```
sizeof(p) = 4
sum(a, 5) = 15
sizeof(p) = 4
sum(&b, 1) = 6
请按任意键继续. . .
```

② 原因分析

若函数的形参为指针形式，无论实参传入的是一个数组名还是一个变量名，均作为一个地址值处理，即形参在本质上代表的是一个地址值。

✓ 实验步骤 6 的运行结果如下。

```
max(a) = 5
min(a) = 60679394
请按任意键继续. . .
```

✓ 实验步骤 7。

① 程序运行结果如下。

```
min(a) = 1
max(a) = 270609808
请按任意键继续. . .
```

② 对比分析。

步骤 6 和步骤 7 的运行结果只有一个值是正确的，这是因为 max_min 函数的返回类型为 int *型，而在 max_min 函数中返回的是一个局部变量的首地址（即 max_min 函数中的数组名 max_min），函数调用结束后，max_min 所代表的数组单元会被自动释放（因为函数调用时为函数内部变量所分配内存在“栈区”），故在 main 函数中，调用 max_min 函数只会得到一个随机值。

③ 解决方法。

解决这个问题的方法主要有 4 种：一是在 max_min 函数内部，为数组变量 max_min 动态分配内存（此时内存单元在“堆区”）；二是在 max_min 函数内部，把数组 max_min 定义为静态变量；三是定义一个全局变量数组 int result[2]，在 max_min 函数中把求得的最大最小值，存储在 result 数组中，在函数结尾，直接“return result;”即可；四是修改函数原型，引入一个函数参数 int *result，记录所求得的最大最小值，在 main 函数中，只需要直接使用 result 数组即可（这是在函数中返回多个数值的最有效的方法）。

✓ 实验步骤 9 的运行结果如下。

```
max(a) = 5
min(a) = 1
请按任意键继续. . .
```

（2）实验结论

✓ 若函数的形参为指针形式，则指针形参在本质上是一个地址值，无论传入的实参是一个数组名还是一个普通变量名，均把实参的首地址传递给形参。

✓ 数组名在本质上是数组中第一个元素的首地址，即数组名在本质上是一个指针（特殊的指针）。

✓ 有返回值的函数，一般只能返回一个数值，但借助指针和数组，可以同时返回多个返回值。主要方法有两种：一是设置函数返回类型为指针型，借助返回一个数组来得到多个返回值，但是此种方法必须要求多个返回值类型一致；另一种方法是，借助函数形参，通过形参带回多个返回值，这种方法最常用。

✓ C 语言中任何变量都有其作用范围，所有变量只有在其作用范围内才会生效。因此在程序设计时，要特别注意选择合适的变量作用范围，以达到优化程序的目的。

8.1.2 递归函数及其分析

1．实验目的

（1）熟练掌握在一个程序中定义多个头文件、多个源文件的编译、链接、运行过程。

（2）掌握函数嵌套调用的分析方法，理解函数调用时内存中“栈区”的工作原理。

（3）掌握递归函数的分析方法，能手工执行递归函数的流程。

2．实验步骤

步骤 1：打开 VS 2005，建立本次实验的实验项目 demo8_2，并新建一个实验文件“demo8_2.c”。

步骤 2：在“demo8_2.c”文件中输入以下代码。

```
/*源文件: demo8_2.c*/
#include <stdio.h>
#include <stdlib.h>
#include "gcd.h"

int main(void)
{
    /*ToDo Code Here*/
    int m = 18, n = 12;
    printf("gcd(%d, %d) = %d\n", m, n, gcd_1(m, n));
    printf("gcd(%d, %d) = %d\n", m, n, gcd_2(m, n));
    printf("gcd(%d, %d) = %d\n", m, n, gcd_3(m, n));

    system("PAUSE");
    return 0;
}
```

步骤 3：新建一个"gcd.h"文件和一个"gcd.c"文件，并分别在这两个文件中输入以下代码。

```
/*头文件: gcd.h*/
#ifndef _gcd_H_
#define _gcd_H_

int gcd_1(int m, int n);
int gcd_2(int m, int n);
int gcd_3(int m, int n);

#endif _gcd_H_
```

```
/*源文件: gcd.c*/
#include "gcd.h"

int gcd_1(int m, int n)  /*非递归方法求最大公约数*/
{
    int result = 1;
    int i;
    for (i = 2; i <= m && i <= n; ++i)
    {
        if (m % i == 0 && n % i == 0)
            result = i;
    }

    return result;
}

int gcd_2(int m, int n)  /*欧几里得算法求最大公约数*/
{
    while (n != m)
    {
        if (n < m) m = m - n;
        else n = n - m;
    }
    return n;
}

int gcd_3(int m, int n)  /*递归方法求最大公约数*/
{
    if (m % n == 0)
        return n;
    return gcd_3(n, m%n);
}
```

步骤 4：编译、链接、运行程序，观察实验结果。

步骤 5：在实验项目中新建一个头文件“lcm.h”和一个源文件“lcm.c”，分别在这两个文件中输入以下代码。

```
/*头文件: lcm.h*/
#ifndef _lcm_H_
#define _lcm_H_
#include "gcd.h"

int lcm_1(int m, int n);
int lcm_2(int m, int n);

#endif _lcm_H_

/*源文件: lcm.c*/
#include "gcd.h"
#include "lcm.h"

int lcm_1(int m, int n)  /*调用最大公约数函数求最小公倍数*/
{
    return  m * n / (gcd_1(m, n));
}

int lcm_2(int m, int n)  /*递归方法求最小公倍数*/
{
    int tmp = m;

    if (m % n == 0) return m;

    m += tmp;
    return  lcm_2(m, n);
}
```

步骤 6：在“demo8_2.c”文件中“system("PAUSE");”语句之前加上以下代码，并在 main 函数之前加上预处理语句“#include "lcm.h"”，运行程序，观察实验结果。

```
printf("lcm(%d, %d) = %d\n", m, n, lcm_1(m, n));
printf("lcm(%d, %d) = %d\n", m, n, lcm_2(m, n));
```

步骤 7：分析步骤 6 的结果，修改 lcm_2 函数为以下代码，以使 lcm_2 函数所得的最小公倍数同 lcm_1 函数所得的值相同(即得到正确的数值)。分析如此修改的原因。

```
/*源文件: lcm.c*/

int lcm_2(int m, int n)  /*递归方法求最小公倍数*/
{
```

```
    static int tmp = m;

    if (m % n == 0) return m;

    m += tmp;
    return  lcm_2(m, n);
}
```

3．实验结果/结论

（1）实验结果

✓ 实验步骤 4 的运行结果如下所示。

```
gcd(16, 12) = 4
gcd(16, 12) = 4
gcd(16, 12) = 4
请按任意键继续. . .
```

✓ 实验步骤 6 的运行结果如下所示。

```
gcd(16, 12) = 4
gcd(16, 12) = 4
gcd(16, 12) = 4
lcm(16, 12) = 48
lcm(16, 12) = 0
请按任意键继续. . .
```

✓ 实验步骤 7。

每次递归调用 lcm_2 函数时，内存空间中的“栈区”都会为临时变量 tmp 分配内存空间，并为 tmp 赋初值 m，而每一次递归结束时，会释放 tmp 的内存空间，则每次执行“m += tmp;”，实质上是执行“m *= 2;”，显然得不到正确结果。而若把 tmp 定义为静态变量，则在递归调用 lcm_2 函数时，只会在第一次调用时为 tmp 分配内存空间，且赋初值为 m（第一次调用时的 m），每一次递归调用结束时，tmp 的内存空间不会被释放，即 tmp 的值仍为第一次调用时为它所赋初值，故会得到正确结果。

（2）实验结论

✓ 对于一个问题规模比较大的程序，在实际中，常把某一个功能封装成一个个的函数，同时为每一类函数建立相应的头文件和源文件，在 main 函数中按需要调用适当的函数，组织成一个完整的程序。

✓ 一般而言，头文件和源文件是一一对应的（除了 main 函数），头文件存放函数的原型声明、全局变量等内容，源文件则为函数的代码实现文件。编写 C 语言程序本质上就是编写一个个的函数文件，通过 main 函数把各个文件组织到一起，实现程序功能。

✓ 函数调用时，内存空间中的“栈区”会为形式参数和函数体中的局部变量分配内存空间，而函数调用结束时，会自动释放所分配的内存空间。函数在嵌套调用时，

“栈区”的内存管理，遵循“先进后出”的原则。

- ✓ 对于任何问题，实现的方法都可以采用非递归与递归的方式，只是对于不同问题而言，有的适合递归思路，有的则适合非递归思路。一般而言，递归的方法思路比较清晰，但不太容易理解；而非递归的方法则比较易于理解，但算法比较繁琐。
- ✓ 分析递归函数，必须深刻理解“栈区”所做的工作（即保存现场和返回地址）。
- ✓ 静态变量由关键字 static 进行声明，若定义一个静态变量，则从定义起为所定义的变量分配内存空间，直到程序结束，才会释放这一块内存空间。借助静态变量，有时对于递归算法的编写会很有帮助。

8.1.3 动态内存分配

1．实验目的

（1）了解程序在内存中的存储，掌握从堆中申请内存、释放内存的方法。

（2）进一步理解指针的本质，掌握指针和动态内存管理函数之间的关系。

（3）进一步体会指针和数组名之间的联系和区别。

2．实验步骤

步骤 1：打开 VS 2005，建立本次实验的实验项目 demo8_3，并新建一个头文件“my_string.h”和一个源文件“my_string.c”。

步骤 2：分别在“my_string.h”和“my_string.c”文件中输入以下代码。

```
/*头文件: my_string.h*/
#ifndef _my_string_H_
#define _my_string_H_

char * my_strcpy(char *s1, const char *s2); /*字符串复制函数*/

#endif _ my_string_H_

/*源文件: my_string.c*/
#include "my_string.h"

char * my_strcpy(char *s1, const char *s2)
{
    char *p1 = s1;
    const char *p2 = s2;   /*为什么定义为 const char* 型? */
    while (*p2 != '\0')
     {
        *p1++ = *p2++;  /* *p2 为 const char* 型,能够改变 p2 的值吗? */
    }
    *p1 = '\0';
    return s1;
}
```

步骤 3：在实验项目 demo8_3 中，新建一个源文件“demo8_3.c”，并输入以下代码。

```
/*源文件: demo8_3.c*/
#include <stdio.h>
#include <stdlib.h>
#include "my_string.h"

int main(void)
{
    char *p1 = "hello world!";       /*"hello world!"存储在文字常量区*/
    char p2[] = "hello world!";      /*"hello world!"存储在栈区*/
    char *p3 = (char *)malloc(13*sizeof(char));
    my_strcpy(p3, "hello world!");   /*"hello world!"存储在堆区*/

    /*Todo Code Here*/
    printf("sizeof(p1) = %d\n", sizeof(p1));     /*p1 为字符指针*/
    printf("sizeof(p2) = %d\n", sizeof(p2));     /*p2 为字符数组名*/
    printf("sizeof(p3) = %d\n", sizeof(p3));     /*p3 为字符指针*/

    system("PAUSE");
    return 0;
}
```

步骤 4：运行上述程序，观察实验结果。

步骤 5：用以下代码替换“demo8_3.c”代码文件中/*ToDo Code Here*/以下内容，运行程序，会出现编译错误，分析错误原因，注释该错误，观察实验结果。

```
p1[5] = '-';          /*文字常量区字符不能修改*/
p2[5] = '-';          /*栈区的字符可以修改*/
p3[5] = '-';          /*堆区的字符可以修改*/

printf("p1 = %s\n", p1);
printf("p2 = %s\n", p2);
printf("p3 = %s\n", p3);
```

步骤 6：用以下代码替换“demo8_3.c”代码文件中/*ToDo Code Here*/以下内容，运行程序，会出现编译错误，查找错误原因，注释该错误语句，再次运行程序，会出现运行时错误，分析错误原因。

```
p3 = p1;
p1 = p2;
p2 = p1;
printf("p1 = %s\n", p1);
printf("p2 = %s\n", p2);
printf("p3 = %s\n", p3);

free(p3);
```

3．实验结果/结论

（1）实验结果

✓ 实验步骤 4 的运行结果如下。

```
sizeof(p1) = 4
sizeof(p2) = 13
sizeof(p3) = 4
请按任意键继续. . .
```

✓ 实验步骤 5。

语句“p1[5] = '-';”会出现编译时错误，由于字符指针 p1 所指向的内存单元为文字常量区中的一块内存，而对于文字常量区，程序员只有“读”的权限，没有“写”的权限，故不能修改指针 p1 所指内存单元的内容。

注释该语句后的运行结果如下。

```
p1 = hello world!
p2 = hello-world!
p3 = hello-world!
请按任意键继续. . .
```

✓ 实验步骤 6。

① 语句“p2 = p1;”会出现编译时错误，由于 p2 是一个数组名，并不是指针变量，即没有单独为 p2 分配内存空间，而是直接把 p2 的值定义为数组的内存单元，故 p2 相当于是一个 const 指针，其值不能被改变。

② 注释该语句后会出现链接时错误，由于执行语句“p3 = p1;”之后，字符指针 p3 已经指向“栈区”中的内存单元，而“栈区”的内存是由编译系统自动管理的，不归程序员管理，只有“堆区”的内存空间才由程序员管理分配和释放。语句“free(p3);”试图释放“栈区”的内存空间，显然会出错。

（2）实验结论

✓ 对多个源文件的程序进行组织时，通常把函数的声明、全局变量的定义、编译预处理放在一个头文件中，与该头文件相对应的函数定义等放在与头文件同名的源文件中。

✓ 在 C 语言程序编译过程中，程序占用的内存主要分成 5 部分：栈区、堆区、全局（静态）变量区、程序代码区和文字常量区。程序员可以修改全局变量区、栈区和堆区的内存，而对于文字常量区的内存只有“只读”权限。

✓ 数组名和指针是有区别的。在 VS 2005 中，指针变量占据的内存大小为 4 个字节，而与数组名“捆绑”的是整个数组的内存单元。

✓ 数组名在本质上是一种特殊的指针（即 const 指针），它的值不能被改变，即数组名永远指向该数组的首地址。

✓ 动态内存分配是程序员根据需要在“堆区”进行内存管理，即只有“堆区”的内存归程序员分配管理，而“栈区”的内存是由编译系统自动管理的。

✓ malloc 函数在“堆区”分配一块内存空间，则程序员对于这一块内存空间具有“读写”权限，当程序员不再使用这一块内存空间时，应及时释放这一块内存空间，否则会产生“内存遗漏”现象。

8.2 理论解答题

8.2.1 填空题

（1）函数声明“void exchange(char *array1, char *array2);”中有________个形式参数。

（2）可以把在被调函数中获得的值返回给主调函数的是________语句。

（3）函数的实参传递给形参有两种方式________和________。

（4）若有函数声明“void fun(int *a, int *b)”，调用函数语句为“fun(&a, &b)”，则此时实参传递给形参的方式是________。

（5）若有函数声明“void fun(int *a, int *b)”，调用函数语句为“fun(a, b)”，则此时实参传递给形参的方式是________。

（6）下面代码段的功能是数组元素求和，请填空。

```
/*源文件: test8_1.c*/
#include <stdio.h>
#include <stdlib.h>

int *sum(int *a, int len)
{
    _______ sum = 0;
    int i;
    for (i=0; i<len; ++i)
        sum += a[i];
    return _______;
}

int main()
{
    int a[5] = {1, 2, 3, 4, 5};
    printf("sum(a, 5) = %d\n", _______);

    system("PAUSE");
    return 0;
}
```

（7）调用函数结束时，此函数内部定义的________类型的变量的内存空间不会被释放。

（8）在函数中未指定存储类别的局部变量，其默认存储类别是________。

（9）若定义了以下函数：

```
void fun(…)
{   …
```

```
    *p = (double *)malloc(10*sizeof(double));
    ...
}
```


其中 p 是该函数的形参，要求通过 p 把动态分配所得的内存单元的地址传回到主调函数，则形参 p 的正确定义应当是________。

（10）执行“int *p = (int *)malloc(sizeof(int));”语句后，可以得到一个动态分配的整型对象________。

（11）下列程序的输出结果是 1　2，请填空。

```
_______*p = malloc(sizeof(int)*2);
int *q = _______ p;
q[0] = 1; q[1] = 2;
printf("%d\t%d\n", q[0], q[1]);
```

（12）以下程序段的输出结果是________。

```
/*源文件: test8_2.c*/
int fun()
{
    static int i = 0;
    return ++i;
}
int main()
{
    int i, a = 0;
    for(i = 0; i < 5; ++i)  a += fun();
    printf("%d\n", a);
    return 0;
}
```

8.2.2 判断正误

（1）如果一个函数既没有返回值也没有形式参数，那么它就是一个无效的函数，即使调用也不会有任何作用。

（2）函数的定义和使用方法很多，它既可以嵌套定义也可以嵌套调用。

（3）每个函数都可以被其他函数调用。

（4）每个函数都可以单独编译。

（5）任何一个函数的函数体都可以看作一个复合语句。

（6）在某些情况下，函数声明可以用函数定义替代，同理某些情况下函数定义也可以用函数声明替代。

（7）函数声明语句中，必须把形式参数的变量名书写完整。

（8）在一个程序中可以多次声明同一个函数，但任何函数都只能定义一次。

（9）定义函数时系统不会为形式参数分配内存，调用函数时也不会给实际参数分配内存。

（10）语句“double fun(x, y);”定义了两个形式参数，分别为 double x 和 double y。

（11）在 C 语言中，实际参数和形式参数虽然不占用同一块内存，但是实际参数和形式参数的数值却可以相互传递。

（12）在 VS 2005 中，定义函数“void max(int *array, int len, int *max)”时，系统将为此函数的形式参数分配 12 个字节的内存单元。

（13）若已定义的函数有返回值，则调用该函数时可以直接把该函数的返回值当做另一个函数的实参。

（14）一个 C 语言函数中有且只有一个 return 语句。

（15）在 C 语言中，每个函数都可以有 return 语句。

（16）在 C 语言中，函数可以没有返回值。

（17）在 C 语言中，函数代码中即使有多个 return 语句，但调用一次函数，只会返回一个值。

（18）当执行到 return 语句时，当前函数立即退出。

（19）函数声明语句“double fun(double exp1, double (*fp)(double exp2, double exp3));”，所定义的函数 fun 中包含三个形参。

（20）若数组名是函数调用的实参，则传递给函数的是数组的首地址。

（21）若数组名是函数调用的实参，则传递给函数的是数组中第一个元素的值。

（22）只有通过 static 声明的变量才是具有静态生存期的变量。

（23）具有静态生存期的变量是全局变量。

（24）在一个 C 语言程序中，一个标识符只能被定义一次，否则会出现编译错误。

（25）若一个 C 语言程序中，定义了三个函数，而这三个函数都需要对变量 var 进行修改，则只能把这三个函数的形式参数定义为指针类型，通过传递地址方式，修改 var 的值。

（26）C 语言程序中定义的变量，只有在 main 函数调用时才会被初始化。

（27）任何指针型变量，只有在为它动态分配内存之后，才可以为它所指向的变量赋初值（不含 NULL 或 0）。

（28）C 语言中 malloc 函数和 free 函数必须一一对应，即在一个程序中若有 n 个 malloc 函数，则必须有 n 个 free 函数与之对应。

（29）下列程序在运行时会出现运行时错误。

```
int *p = (int *)malloc(sizeof(int)*2);
int *q = p;
free(q);
q = NULL;
free(p);
```

8.2.3 简答题

（1）请把教材例 8-1 中 main 函数中打印数组部分的代码封装成一个函数，函数名为 PrintArray。

（2）已知有如下程序，请分析该程序实现两个数的交换的执行过程。

```
/*源文件: test8_3.c*/
```

```
#include <stdio.h>
#include <stdlib.h>

void exchange(int *num1, int *num2);

int main()
{
    int a1 = 59,a2 = 65;
    exchange(&a1, &a2);
    printf("交换后 a1 = %d\ta2 = %d\n", a1, a2);

    system("PAUSE");
    return 0;
}
void exchange(int *num1, int *num2)
{
    int tmp;
    tmp = *num1;
    *num1 = *num2;
    *num2 = tmp;
}
```

（3）若把上述程序中的 exchange 函数修改为如下代码，分析修改后的函数能否正确完成数据交换的功能，若可以实现功能，上机运行该程序；若不能实现功能，请分析错误原因。

```
void exchange(int *num1, int *num2)
{
    int *tmp;
    tmp = num1;
    num1 = num2;
    num2 = tmp;
}
```

（4）举例说明嵌套调用和递归调用给 C 语言带来了哪些好处。

（5）下面代码是求斐波那契（Fibonacci）数列的程序，假设调用该函数的语句是“int result = Fibo(5);”，请画出求 Fibo(5)的执行过程示意图。

```
/*源文件：test8_4.c*/
int Fibo(int n)
{
    if(n==0) return 0;
    if(n==1) return 1;
    return Fibo(n-1) + Fibo(n-2);
}
```

（6）请说明函数嵌套调用与 C 语言结构化编程的关系。

（7）如何判断变量的生存期？举例说明变量生存期分为静态生存期和本地生存期给 C 语言编程带来了哪些好处。

（8）使用 typedef 简化如下声明。

① int *p[10]

② int (*p)[10]

③ int **p[10]

④ int * (*fp)(int *, void (*fo)(int , int *))

⑤ int (*)()(*p)[10]

⑥ char * fun(char *, char * (*fp)(char *, char *))

8.2.4 程序改错

（1）下面函数的功能是求两个形式参数的和，请改正程序中的错误。

```
/*源文件: test8_5.c*/
void fun(a, b)
{
    int c = a + b;
    return c;
}
```

（2）下面程序的功能是将数组元素逆置，请改正程序中的错误。

```
/*源文件 test8_6.c*/
#include <stdio.h>
#include <stdlib.h>

void fun(int a[], int len)

int main()
{
    int i, a[]= {1, 2, 3, 4, 5, 6, 7, 8, 9, 10};
    int len = sizeof(a)/sizeof(int);
    fun2(a[len], len);
    for(i = 0; i <= len; ++i)
        printf("%d\t", a[i]);
    printf("\n");

    system("PAUSE");
    return 0;
}
void fun(int a, int len)
{
    int i, tmp;
    for(i = 0; i < len/2; ++i)
    {
```

```
        tmp = a[i];
        a[i] = a[len-i-1];
        a[len-i-1] = tmp;
    }
    return 0;
}
```

（3）下面程序的功能找出二维数组中每一行的最大值，请改正程序中的错误。

```
/*源文件: test8_7.c*/
#include <stdio.h>
#include <stdlib.h>

int main()
{
    int i;
    int a[3][4] = {1, 2, 3, 25, 5, 6, 7, 8, 9, 10, 11, 12};
    int b[3];
    fun(a, b, 3, 4);
    for(i = 0; i < 3; ++i)
        printf("%d\t", b[i]);
    printf("\n");

    system("PAUSE");
    return 0;
}
void fun(int *a[4], int b[], int len1, int len2)
{
    int i, j, tmp;
    for (i = 0; i < len1; ++i)
    {
        tmp = a[i];
        for (j = 0; j < len2; ++j)
        {
            if (tmp < *a[i]+j)
                tmp = *a[i]+j;
        }
        b[i] = tmp;
    }
}
```

8.3 程序设计题

在完成上述实验的基础上，按要求完成下面的习题。

（1）绝对值函数。编写一个函数，对传入的 double 型数据，求其绝对值。函数原型是：

“double My_fabs(double x);”。

（2）编写一个函数，函数原型是“void sort(int *a, int *b, int *c);”，对传入的三个参数a、b、c 进行排序，要求尽可能地采用较少的比较次数实现。所谓较少的比较次数是指算法中交换元素的次数尽可能少。

（3）最小值查找。编写一个函数，传入的参数是一个数组名和数组的元素个数，要求通过该函数返回数组中最小值的下标值。函数原型是：“int min(int *a, int n);”。

（4）最小的两个值。编写一个函数，传入的参数是一个数组名和数组的元素个数，要求通过函数参数返回数组中最小的两个值的下标值。函数原型是：“void min_2(int *a, int n, int *s1, int *s2);”。

（5）回文判断。编写一个函数，判断一个字符串是否为回文。所谓回文是指正读和反读完全相同的字符串。函数原型是：“int palindrome(char *str);”，若字符串 str 是回文，则返回 1，否则返回 0。

（6）样本方差。编写一个函数，计算一组样本数据的方差，计算公式为 $S^2=\frac{1}{n-1}\sum_{i=1}^{n}(x_i-\overline{x})^2$，其中 x_i 表示一系列数据，$\overline{x}$ 表示这一系列数据 x_i 的平均值（即数学期望）。函数原型为：“double variance(double *x, int n);”。

（7）编写一个函数，计算 $i!*2^i(i=0,1,\cdots,n-1)$，把每一个值存入一个一维数组 a 的各个分量中，数组 a 的数据类型为 int 型。函数原型为：“void fun(int *a, int len, int *n);”，其中 a 为数组名，len 为数组的最大长度（在此为 100），n 为函数返回参数，表示不出现溢出时的最大项数。（提示：参考教材习题，解决溢出判断问题。）

（8）多项式函数。编写一个函数，计算多项式 $P_n(x)=\sum_{i=0}^{n-1}a_i x^i$ 的值。函数原型为：“double polynomial(double *a, int n);”。

（9）计算组合数。编写一个函数，计算组合数。组合数的计算公式为：$C_n^k=\frac{n!}{k!*(n-k)!}$，函数原型为：“double combination(int n, int k);”（提示：首先编写一个阶乘函数，在 combination 函数中调用所定义的阶乘函数）。

（10）编写一个函数，把一个数字字符串转化为一个整数。函数原型为：“void String ToInteger(char *str, int *number);”，例如若字符串 str = "12345"，则调用函数后 number = 12345。

（11）编写一个递归函数，把一个整数 number 转化成字符串。函数原型为：“void IntegerToString(char *str, int number);”。

编程提示：

① 对于字符串 str，从最后一个元素向前求，若 number = 12345，则先求出 str[4] = '5'，再递归调用求其他字符。

② 每次递归调用时，关键是求当前待求字符的下标值，下标值可以通过数学函数 log10 计算，计算公式为：“int Subscript = (int)log10((double)number);”。

（12）递归求和。编写一个递归函数，求传入的一个数组的所有元素之和。函数参数原型为："int sum(int *a, int n);"。

（13）编写一个递归函数，计算两个整数 a，b 的和。函数原型为："int add(int a, int b);"。

（14）编写一个递归函数，计算两个整数 a，b 的乘积。函数原型为："int multi(int a, int b);"。

（15）大整数加法。在计算机中，任何类型数据都是有存储范围的，比如 int 型数据，在 VS 2005 中，只占四个字节，int 型数据能存储的最大整数为 2147483647。而在实际应用中，有可能会遇到大整数（即超过了计算机的最大存储范围的整数）之间的运算问题，例如计算两个整数 a = 11111111188988888888（20 位数），b = 55555555（8 位数）的和，对于这一类问题，通过基本数据类型无法处理。一个巧妙的解决办法是，把 a 和 b 的每一位作为一个数组中的一个元素，即把 a 和 b 按每一位分别存储在一个一维数组中，则这两个大整数之间就可以进行一系列运算（转化为数组的每一个元素参与的运算）。试编写一个程序，计算两个大整数的和。首先编写一个计算大整数加法的函数，函数原型为："void Add_Big_Integer(char *a, char *b, char *c);"，参数中字符串 a 和 b 分别存储两个待求和的整数（以字符串形式存储，方便查找大整数的最后一位），字符串 c 存储求和后的大整数。程序运行效果如下。

```
11111111188988888888 + 55555555 = 11111111189044444443
请按任意键继续. . .
```

（16）定积分计算。编写一个函数，利用定步长矩形法计算在给定区间内的定积分值。函数原型为："double definite_integral(double a, double b, double (*fp)(double));"，其中 a 和 b 为给定区间，(*fp)为函数指针，表明待计算定积分的函数。（提示：定步长积分计算定积分是数值计算中的一个最简单的问题，具体方法可以参考数值计算教材或计算方法教材。）

（17）成绩处理。编写程序，首先提示用户输入 10 个学生的成绩信息（包括每个学生的姓名、学号、数学成绩、计算机成绩），根据用户输入的 10 个学生成绩，实现输出学生信息、查找学生信息（按姓名查找）、对学生按总成绩排序输出显示等功能。要求：程序界面给出适当的功能菜单，以接受用户选择；把相应功能封装成函数，以方便重复利用（程序运行效果见第 7 章习题）。

第9章　预　处　理

本章学习目标：

✓ 理解预处理指令的作用及其给程序员带来的好处。

✓ 重点掌握#include、#define 预处理指令。

✓ 掌握宏定义的方法，学会分析宏替换的详细过程。

✓ 掌握条件编译指令的作用及其给程序移植、调试等带来的好处。

✓ 了解预定义宏，学会使用预定义宏。

9.1　上机实践题

9.1.1　宏定义及其使用

1．实验目的

（1）掌握宏定义的方法及其使用，学会分析宏替换的详细过程。

（2）理解对象式宏和 const 常量的区别。

（3）理解函数式宏和函数调用的区别及各自的优缺点。

2．实验步骤

步骤 1：打开 VS 2005，建立本次实验的实验项目 demo9_1，并新建实验文件“demo9_1.c”。

步骤 2：在“demo9_1.c”文件中输入以下代码。

```
/*源文件: demo9_1.c*/
#include <stdio.h>
#include <stdlib.h>

#define VALUE 3+4;                /*定义一个对象式宏*/
const int value = 3+4;            /*定义一个整型常量*/

int main(void)
{
    VALUE = 3;
    printf("VALUE * VALUE = %d\n", VALUE * VALUE);
    printf("value * value = %d\n", value * value);
```

```
    system("PAUSE");
    return 0;
}
```


步骤 3：运行上述程序，程序会出现编译时错误，分析错误原因，并改正错误，再次运行程序，观察实验结果。

步骤 4：重新编写“demo9_1.c”文件的内容，使其为以下内容。

```
/*源文件: demo9_1.c*/
#include <stdio.h>
#include <stdlib.h>

#define MAX(a,b) ( (a)>(b) ? (a) : (b) )    /*定义一个函数式宏*/

int max(int a, int b)                       /*定义一个函数*/
{
    return a > b ? a : b;
}

int main(void)
{
    int a = 1, b = 2;
    printf("MAX(%d, %d) = %d\n", a, b, MAX(a, b));
    printf("max(%d, %d) = %d\n", a, b, max(a, b));

    system("PAUSE");
    return 0;
}
```

步骤 5：运行上述程序，观察实验结果。

步骤 6：把实验步骤 4 中的变量 a 和 b 的类型，修改为 double 型，把 printf 语句中的打印格式"%d"修改为"%f"，再次运行程序，观察实验结果。

3．实验结果/结论

（1）实验结果

✓ 实验步骤 3。

① 程序编译错误有两处，一是在定义对象式宏时，宏体最后多了一个分号，而在进行宏替换时，会把分号也替换到 printf 函数中，故此处会出现编译错误，改正方法是去掉宏定义末尾的“;”二是语句“VALUE = 3;”会出现编译错误，改正方法是注释该语句。

② 改正错误后，运行程序，程序运行结果如下。

```
VALUE * VALUE = 19
value * value = 49
请按任意键继续. . .
```

✓ 实验步骤 5 的运行结果如下。

```
MAX(1, 3) = 3
max(1, 3) = 3
请按任意键继续. . .
```

✓ 实验步骤 6 的运行结果如下。

```
MAX(1.000000, 3.000000) = 3.000000
max(1.000000, 3.000000) = 0.000000
请按任意键继续. . .
```

（2）实验结论

✓ 宏定义是用宏名代替一个字符串，即作简单的替换，不作正确性检查。
✓ 宏定义不是 C 语言语句，不需要在定义末尾加上分号。
✓ 宏定义是用于预处理的一个符号，它与变量的含义不同，只进行字符替换，不为宏名分配内存空间，即宏名相当于是一个右值。
✓ 宏定义只是纯粹的替换关系，即把宏名用宏体内容置换，因此使用宏名进行置换，可能与原意相违背。而用 const 定义的常量，会解决宏替换所产生的问题。
✓ 进行宏替换时，程序内部用""引起来的内容，即使与宏名相同，也不进行替换。
✓ 函数式宏的作用类似于函数调用，能实现一些函数功能，但是宏的使用方法仍然基于宏替换的思想。
✓ 函数式宏的定义中，参数不需要指出其数据类型，因此函数式宏相对于实现同样功能的函数，具有泛型化的特点，即可以针对不同的数据类型使用(当然不是所有数据类型)；而函数调用，形参和实参的数据类型要求必须一致，即使实现同样的功能，对于不同的数据类型，也需要定义不同的函数。
✓ 参数式宏相对于函数调用的另外一个优点是，参数式宏的运行速度比较快，因为参数式宏的使用只是宏替换，并没有为其分配内存空间；而函数调用需要在栈区为函数中的形参和局部变量分配内存空间，运行速度不如宏替换。

9.1.2 条件编译

1．实验目的

（1）掌握条件编译指令的使用方法。

（2）理解条件编译指令给程序移植、调试等带来的好处。

2．实验步骤

步骤 1：打开 VS 2005，建立本次实验的实验项目 demo9_2，并新建一个实验文件“demo9_2.c”。

步骤 2：在“demo9_2.c”文件中输入以下代码。

```
/*源文件: demo9_2.c*/
#include <stdio.h>
#include <stdlib.h>

#define SELECTTAG 1                    /*定义一个对象式宏*/
```

```
int main(void)
{
    char str[50] = "ABCdefgHiJklMN";
    char ch, *p = str;        /*定义一个字符指针指向字符数组*/

     while (*p != '\0')
     {
#if SELECTTAG == 1
         if (*p >= 'A' && *p <= 'Z')
             *p += 32;
#else
         if (*p >= 'a' && *p <= 'z')
             *p -= 32;
#endif
         p++;
    }

    printf("str = %s\n", str);

    system("PAUSE");
    return 0;
}
```

步骤 3：运行上述程序，观察实验结果。

步骤4：把上述程序中，宏定义语句“#define SELECTTAG 1”修改为“#define SELECTTAG 0”，再次运行程序，观察实验结果。

步骤 5：把代码文件“demo9_2.c”中的内容完全替换为如下代码，重新运行程序，观察实验结果。

```
/*源文件: demo9_2.c*/
#include <stdio.h>
#include <stdlib.h>

/*#define SELECTTAG 1       定义一个对象式宏*/
const int selecttag = 1;    /*定义一个整型常量*/

int main(void)
{
    char str[50] = "ABCdefgHiJklMN";
    char ch, *p = str;        /*定义一个字符指针指向字符数组*/

    while (*p != '\0')
    {
/*#if SELECTTAG == 1*/
        if (selecttag == 1)
```

```
        {
            if (*p >= 'A' && *p <= 'Z')
                *p += 32;
        }
/*#else*/
        else
        {
            if (*p >= 'a' && *p <= 'z')
                *p -= 32;
        }
/*#endif*/
        p++;
    }

    printf("str = %s\n", str);

    system("PAUSE");
    return 0;
}
```

步骤 6：把步骤 5 中，定义常量语句“const int selecttag = 1;”修改为“const int selecttag = 0;”，再次运行程序，观察实验结果。

步骤 7：比较步骤 3 和步骤 5 在编译、链接、运行上的异同。

3．实验结果/结论

（1）实验结果

✓ 实验步骤 3 的运行结果如下所示。

```
str = abcdefghijklmn
请按任意键继续. . .
```

✓ 实验步骤 4 的运行结果如下所示。

```
str = ABCDEFGHIJKLMN
请按任意键继续. . .
```

✓ 实验步骤 5 的运行结果与实验步骤 3 完全相同。

✓ 实验步骤 6 的运行结果与实验步骤 4 完全相同。

（2）实验结论

✓ 一般情况下，源程序中所有的代码都参加编译；而在某些情况下若只希望对其中一部分代码只在满足一定条件的情况下才进行编译，则此时的编译称为条件编译。

✓ 条件编译#if-#else-#endif 的作用与 if-else 语句功能基本一致，只是 if-else 语句，会对程序中所有的代码进行编译，而条件编译语句，只会对#if 条件成立的语句进行编译。

✓ 带有条件编译语句的程序生成的目标代码文件，相对于具有相同功能的带有 if-else 语句的程序所生成的目标代码文件，长度比较小。

✓ 条件编译可以由程序员自己设定编译条件，增强了程序的可移植性，同时方便了对程序的调试。

9.2 理论解答题

9.2.1 填空题

（1）已知在 C 盘 Document 文件夹中定义了一个头文件“headfile.h”，则在 C 语言程序中包含该文件的命令是________。

（2）设有语句“#define fun(x) x/x”，则语句“printf("%d\n",fun(9));”的输出结果是________，“printf("%d\n", fun(4+5-6));”的输出结果是________。

（3）设 main 函数中有以下程序段

```
#define fun(x,y) x*y      /*定义一个函数式宏*/
int a = 9, b = 3;
double c = 3.6;
```

则“printf("%d\n", fun(a+b, a-b));”的输出结果是________；“printf("%.2f\n", fun(a+c, a-c));”的输出结果是________。

（4）设有

```
#define X 5
#define Y (X)*(X)+5
```

则 2*(X+Y*Y)+5 的宏替换表达式为________，该表达式的值为________。

（5）设有

```
#define X 5
#define Y X*X+5
```

则 2*(X+Y*Y)+5 的宏替换表达式为________，该表达式的值为________。

（6）________指令允许预处理器根据计算条件处理和替换宏。

（7）为了防止文件的重复包含问题的发生，可以使用的预处理指令是________。

9.2.2 判断正误

（1）在 C 语言中，预处理指令都必须以“#”开始，且以“#”开始的语句也一定是预处理指令。

（2）如果将用户自定义的“exchange.h”文件放到“stdio.h”文件所在的文件夹中，那么在使用此文件时，将文件包含命令写为“#include <exchange.h>”即可。

（3）预处理命令“#include "D:\\worker\time.h"”可使编译器找到存放在 D 盘 worker 目录下的“time.h”文件。

（4）#include 命令包含的文件只能为后缀是“.h”的文件。

（5）语句“#define EN "England"　AM "America"”定义了两个对象式宏，宏名分别为 EN 和 AM。

（6）宏名必须用大写字母表示。

（7）宏替换在运行阶段进行。

（8）宏替换时需要先求出实参表达式的值，再把运算结果代入形参。

（9）定义函数式宏时，形式参数不需要加类型声明符。

（10）对于 C 语言中的所有宏，都可以根据需要重新定义宏和取消定义宏。

（11）相对于 if 语句，预处理指令#if 可以减少源程序代码长度。

9.2.3 简答题

（1）举例说明使用函数式宏与函数调用有何不同（假设二者的形式参数相同）。

（2）请利用宏设计代码输出格式：

① 输出一个字符串。

② 输出单个字符。

③ 输出一个含有两位小数的 double 型实数。

（3）已知有如下代码：

```
行号 /*源文件: test9_1.c*/
1    #include <stdio.h>
2    #include <stdlib.h>
3
4    #define ADD(x, y) x+y      /*定义一个函数式宏*/
5
6    int main()
7    {
8        int i = 1, j = 2, k = 3;
9        printf("%d\n", ADD(i, i+j)*k);
10
11       system("PAUSE");
12       return 0;
13   }
```

① 请分析该程序的执行过程，并写出程序的输出结果。

② 如果将第 4 行代码改成“#define ADD(x, y) (x)+(y)”，则程序会怎样执行？输出结果是什么？

③ 如果将第 4 行代码改成“#define ADD(x, y) ((x)+(y))”，则程序会怎样执行？输出结果是什么？

④ 根据上述分析，说明预处理指令的优势和劣势。

（4）请说明条件编译语句“#if-#else-#endif”与条件语句“if-else”有何异同。

（5）已知有如下代码：

```
/*源文件: test9_2.c*/
#include <stdio.h>
#include <stdlib.h>

#define DEBUG 0          /*定义一个对象式宏*/
```

```
5
6     int main()
7     {
8     #define DEBUG 1
9     #ifdef DEBUG
10        printf("DEBUG = %d\n", DEBUG);
11    #endif
12
13    #undef DEBUG
14
15    #ifdef DEBUG
16        printf("DEBUG = %d\n", DEBUG);
17    #endif
18
19        system("PAUSE");
20        return 0;
21     }
```

① 请分析上述程序代码，判断程序是否会产生编译时错误？是否会产生链接时错误呢？是否会产生运行时错误呢？

② 如果该程序有错误，则改正错误，并输出程序运行结果；若该程序无错误，则输出程序运行结果。

③ 如果把第 15 行代码改成“#ifndef DEBUG”，则修改后的程序是否会出错？若没有错误，则输出程序运行结果。

④ 根据上述程序运行结果，说明#ifndef、#ifdef、#undef 的作用。

9.3 程序设计题

在完成上述实验的基础上，按要求完成下面的习题。

（1）模拟逻辑值。利用宏可以模拟逻辑布尔值，定义三个宏 bool、true 和 false，分别表示逻辑值的数据类型、逻辑真和逻辑假，试由此编写一个函数，判断两个 int 型数据是否相等，函数原型为：“bool IsSame(int a, int b);”。

（2）数据交换。编写一个函数式宏，实现交换两个数据的功能，要求该宏可以对 int、double、float 类型数据进行处理，且宏体中只有两个参数 a 和 b，不允许出现第三个参数。（提示：参考不借助第三个变量交换两个数据的方法。）

（3）编写一个函数式宏，求一个数据的绝对值，要求该宏可以对 int、double、float 类型数据进行处理。

（4）编写一个函数式宏，求三个数据的最大值，要求该宏可以对 int、double、float 类型数据进行处理。

（5）编写一个函数式宏，由已知半径 R 求圆的周长 L、面积 S 以及球的体积 V，调用该宏的格式是“FUNCTION(l,s,v,r)”，以实现不利用指针，得到多个返回值的功能（提示：

首先定义一个对象式宏，用来表示圆周率的值）。

（6）利用函数式宏，可以实现普通函数不能实现的一些功能。例如函数的参数传递，实参不能为数据类型名，而利用函数式宏就可以实现数据类型向宏的传递。编写一个函数式宏，实现动态分配内存的功能，调用该宏的格式为："int *p = new(int, 10);"，或"double *p = new(double, 10);"（其中的 int 或 double 代表数据类型，即可以针对不同数据类型进行动态内存分配，10 代表动态分配的内存空间大小，以相应数据类型字节数为单位），并分析如此设计宏，相比直接调用 C 语言库函数 malloc 有什么优点。

（7）编写一个程序，对用户输入的一个字符串进行编码或解码，并输出编码或解码后的字符串，编码的方法是用该字符的下一个字符来代替（如'a'变成'b', '1'变成'2'等），解码的方法与编码相反，用#define 命令来控制进行编码输出或解码输出。要求采用条件编译方法实现，并与采用 if-else 实现进行对比。程序运行效果如下所示（此处显示解码后输出）。

```
请输入一段字符串: bcde2345↓
解码后的字符串为: abcd1234
请按任意键继续. . .
```

第 10 章　自定义数据类型

本章学习目标：

✓ 了解为什么需要自定义数据类型。
✓ 掌握三种自定义数据类型的定义语法。
✓ 掌握结构体对象、共同体对象在内存中的存储。
✓ 掌握在栈区和堆区创建结构体对象的方法。
✓ 掌握结构体对象指针、结构体对象数组的定义、使用方法。
✓ 掌握枚举类型变量的使用。
✓ 初步了解数据结构的相关知识。

10.1　上机实践题

10.1.1　结构体

1．实验目的

（1）掌握结构体数据类型的定义语法，理解结构体对象在内存中的存储。

（2）掌握在栈区和堆区创建结构体对象的方法。

（3）掌握结构体对象指针、结构体对象数组的定义和使用方法。

2．实验步骤

步骤 1：打开 VS 2005，建立本次实验的实验项目 demo10_1，并新建一个头文件“head.h”。

步骤 2：在“head.h”文件中输入以下代码。

```
/*头文件：head.h*/
#ifndef _head_H_          /*预处理*/
#define _head_H_

typedef enum Tag{Left, Right}Tag;  /*定义枚举类型 Tag*/

typedef struct A{         /*定义结构体 A*/
    int x;                /*数据成员为普通类型*/
    char *p;              /*数据成员为指针类型*/
    static int s_x;       /*数据成员的存储类型为 static 类型*/
}A;
```

```
typedef struct B{              /*定义结构体 B*/
    int x, y;
    double d[5];               /*数据成员为数组类型*/
    struct B b;                /*数据成员为自身结构体对象类型*/
}B;

typedef struct C{              /*定义结构体 C*/
    int x, y;
    Tag temp;                  /*数据成员为枚举类型*/
    struct C *next;            /*数据成员为自身指针类型*/
}C;

typedef struct D{              /*定义结构体 D*/
    int x, y;
    void (*fp)(int, int);      /*数据成员为函数指针类型*/
}D;

typedef struct E{              /*定义结构体 E*/
    int z;
    struct D d;                /*数据成员为结构体对象类型*/
}E;

#endif _head_H_
```

步骤 3：在实验项目 domo10_1 中新建一个源文件“demo10_1.c”，并输入以下代码。

```
/*源文件: demo10_1.c*/
#include <stdio.h>
#include <stdlib.h>
#include "head.h"

int main(void)
{
    /*ToDo Code Here*/

    system("PAUSE");
    return 0;
}
```

步骤 4：编译、链接、运行上述程序，会出现编译错误，分析错误原因。

步骤 5：在“demo10_1.c”文件中的 /*ToDo Code Here*/ 语句处，加入如下所示代码，并在“head.h”文件中把错误代码注释掉，再次运行程序，观察实验结果。

```
/*ToDo Code Here*/
struct D object;               /*定义一个结构体对象 object*/

printf("&object = %0X\n", &object);
```

```
printf("&(object.x) = %0X\n", &(object.x));
printf("&(object.y) = %0X\n", &(object.y));
printf("&(object.fp) = %0X\n", &(object.fp));
```


步骤 6：在“demo10_1.c”文件中的 /*ToDo Code Here*/ 语句处，加入如下所示代码，并在“head.h”文件中把错误代码注释掉，再次运行程序，观察实验结果。

```
/*ToDo Code Here*/
struct D object;                /*定义一个结构体对象 object*/
struct D *p = &object;          /*定义一个结构体对象指针,并初始化指向 object*/

object.x = 3; p->y = 4;         /*结构体成员赋值*/

printf("object.x = %d\t object.y = %d\n", object.x, object.y);
printf("p->x = %d\t p->y = %d\n", p->x, p->y);
```

步骤 7：在“demo10_1.c”文件中的 /*ToDo Code Here*/ 语句处，加入如下所示代码，并在“head.h”文件中把错误代码注释掉，再次运行程序，观察实验结果。

```
/*ToDo Code Here*/
int i;
struct D object[2] = {{1, 2}, {3, 4}};  /*定义一个结构体对象数组*/
struct D *p = object;       /*定义一个结构体对象指针,并初始化指向 object*/

for (i=0; i<2; ++i)
printf("object[%d].x = %d\t object[%d].y = %d\n",
        i, (p+i)->x, i, (p+i)->y);
```

步骤 8：把“demo10_1.c”文件中的内容替换为如下代码，并在“head.h”文件中把错误代码注释掉，再次运行程序，观察实验结果。

```
/*源文件: demo10_1.c*/
#include <stdio.h>
#include <stdlib.h>
#include "head.h"

void visit(int x, int y)            /*定义一个 visit 函数*/
{
    printf("x = %d\n", x);
    printf("y = %d\n", y);
}

int main(void)
{
    /*ToDo Code Here*/
    struct D object = {1, 2};      /*定义一个结构体对象 object,并初始化*/

    object.fp = visit;  /*object 的数据成员(*fp)函数指针指向 visit 函数*/
```

```
    object.fp(object.x, object.y); /*调用 object 的数据成员函数指针*/

    system("PAUSE");
    return 0;
}
```

3．实验结果/结论

（1）实验结果

✓ 实验步骤 4。

程序编译错误有两处：一是在定义结构体 A 时，A 中的成员变量 s_x 定义为 static 存储类型。二是在定义结构体 B 时，B 的成员变量含有 struct B b;。这两处错误的原因分别为：① C 语言中，结构体成员变量不能为 static 的。而 s_x 的存储类为 static，会导致编译错误。② 结构体成员（除指针类型外）不可递归定义。定义 struct B 类型时，它有了个成员 b 的类型也为 struct B，这是不可以的。

✓ 实验步骤 5 的运行结果如下。

```
&object = 12FF58
&(object.x) = 12FF58
&(object.y) = 12FF5C
&(object.fp) = 12FF60
请按任意键继续. . .
```

✓ 实验步骤 6 的运行结果如下。

```
object.x = 3     object.y = 4
p->x = 3         p->y = 4
请按任意键继续. . .
```

✓ 实验步骤 7 的运行结果如下。

```
object[0].x = 1  object[0].y = 2
object[1].x = 3  object[1].y = 4
请按任意键继续. . .
```

✓ 实验步骤 8 的运行结果如下。

```
x = 1
y = 2
请按任意键继续. . .
```

（2）实验结论

✓ 结构体数据类型的成员变量数据类型可以是：普通类型、数组类型、指针类型、枚举类型、结构体类型（必须已经定义）、结构体指针类型、自身指针类型、函数指针类型、共同体类型（本实验未涉及）等。

✓ 定义一个结构体对象时，会在内存中为这个结构体对象分配一块连续的内存空间，分别存储这个结构体对象的各个数据成员，以后对数据成员的访问等同于对普通变量的访问。

- ✓ 对于结构体对象成员变量的访问，要通过结构体对象名进行访问。结构体对象数据成员的访问使用“对象名.数据成员名”格式。
- ✓ 结构体类型同样可以定义结构体对象指针类型，结构体对象指针的数据成员的访问格式为“结构体对象指针名->数据成员名”。
- ✓ 结构体类型同样可以定义结构体对象数组，对结构体对象数组的访问，等同于对普通数组的访问。
- ✓ 结构体数据成员可以为函数指针类型，函数指针提供了结构体访问外部函数的接口，更进一步实现了数据和方法（函数）的封装，实现了较低层次的面向对象的抽象。

10.1.2 动态链表

1．实验目的

（1）掌握动态链表的概念，初步学会对链表进行一些基本操作。

（2）进一步掌握在堆区创建结构体对象的方法。

（3）初步了解数据结构的相关知识。

2．实验步骤

步骤 1：打开 VS 2005，建立本次实验的实验项目 demo10_2，并新建一个头文件“DynaLinkList.h”和一个源文件“DynaLinkList.c”。

步骤 2：“DynaLinkList.h”文件为动态链表的结点结构定义及基本操作函数原型声明文件，“DynaLinkList.c”文件是基本操作函数实现文件。分别在这两个文件中输入以下代码。

```
/*头文件: DynaLinkList.h*/
#ifndef _DynaLinkList_H_                    /*预处理命令*/
#define _DynaLinkList_H_

/*定义动态链表结点结构*/
struct LNode{
   int data;                                /*数据域*/
   struct LNode *next;                      /*指针域*/
};
typedef struct LNode LNode;
typedef LNode* LinkList;                    /*定义结点结构指针类型*/

/*基本操作函数的原型声明*/
void InitList(LinkList *L);                 /*初始化函数(建立头结点)*/
void CreateList(LinkList L);                /*创建链表函数*/
int ListLength(LinkList L);                 /*求链表长度函数*/
void ListTraverse(LinkList L);              /*遍历链表函数*/
void ListInsert(LinkList L);                /*表尾插入函数*/
void ListDelete(LinkList L, int i);         /*删除链表中的第 i 个结点*/

#endif _DynaLinkList_H_
```

```c
/*源文件: DynaLinkList.c*/
#include <stdio.h>
#include <stdlib.h>
#include "DynaLinkList.h"                        /*包含链表结点结构定义的头文件*/

/*初始化链表: 建立头结点*/
void InitList(LinkList *L)
{
    *L = (LinkList)malloc(sizeof(LNode));     /*分配内存空间,表示头结点*/
    (*L)->next = NULL;                         /*头结点的指针域为空*/
}

/*创建链表*/
void CreateList(LinkList L)
{
    int n, i, e;
    LinkList s, p = L;
    printf("输入结点个数: ");
    scanf("%d", &n);
    for (i = 0; i < n; ++i)
    {
        printf("输入第%d个结点: ", i+1);
        s = (LinkList)malloc(sizeof(LNode));   /*分配结点空间*/
        scanf("%d", &(s->data));          /*输入数据域*/
        p->next = s;                      /*修改原链表中尾结点的指针域*/
        s->next = NULL;                   /*新生成的结点的指针域为空*/
        p = s;                            /*p 指针指向新的尾结点*/
    }
}

/*求当前链表的长度*/
int ListLength(LinkList L)
{
    int length = 0;                       /*设定表长计数器*/
    LinkList p = L->next;                 /*p 指针指向链表的第一个数据元素结点*/
    while (p)                             /*p 不为空,即没有达到尾结点时循环*/
    {
        p = p->next;              /*p 指针所指结点的指针域数值赋值给 p,即令 p 指针指向
                                  原来 p 指针所指结点的后继结点*/
        ++length;                         /*计数器加 1*/
    }
    return length;
}

/*遍历链表*/
```

```
void ListTraverse(LinkList L)
{
    LinkList p = L->next;          /*p 指针指向链表的第一个数据元素结点*/
    printf("遍历动态链表: \t");
    while (p)                      /*p 不为空时循环*/
    {
        printf("%d\t", p->data);
        p = p->next;
    }
    printf("\n");
}

/*向表尾插入一个结点*/
void ListInsert(LinkList L)
{
    LinkList p = L->next, s;       /*p 指针指向链表的第一个数据元素结点*/
    while (p->next)                /*令指针 p 移动到尾结点*/
        p = p->next;
    s = (LinkList)malloc(sizeof(LNode));   /*生成一个新结点*/
    printf("输入要插入的结点信息: ");
    scanf("%d", &(s->data));       /*新生成结点的数据域*/
    s->next = NULL;                /*新生成结点的指针域*/
    p->next = s;                   /*修改原表中尾结点的指针域*/
}

/*删除链表中的第 i 个元素*/
void ListDelete(LinkList L, int i)
{
    /*ToDo Code Here*/
    /*算法思想: 先找到第 i-1 个结点,再删除第 i 个结点*/
}
```

步骤 3：在项目 demo10_2 中，新建一个源文件“demo10_2.c”，并在该源文件中输入以下代码。

```
/*源文件: demo10_2.c*/
#include <stdio.h>
#include <stdlib.h>
#include "DynaLinkList.h"

int main(void)
{
   LinkList L;                     /*定义一个动态链表结点结构的指针变量 L*/

   printf("动态链表基本操作实验\n");
```

```
    printf("初始化链表…\n");
    InitList(&L);
    printf("ListLength(L) = %d\n", ListLength(L)); /*当前表长*/

    printf("创建动态链表…\n");
    CreateList(L);
    printf("ListLength(L) = %d\n", ListLength(L)); /*当前表长*/

    ListTraverse(L);         /*遍历动态链表 L*/

    printf("向表尾插入一个结点…\n");
    ListInsert(L);
    printf("ListLength(L) = %d\n", ListLength(L)); /*当前表长*/

    ListTraverse(L);              /*遍历动态链表 L*/

    system("PAUSE");
    return 0;
}
```

步骤 4：编译、链接、运行程序，观察实验结果。

步骤 5：分析初始化链表函数“void InitList(LinkList *L);”，思考为什么函数参数设定为 LinkList *型（即 LNode **型）？

步骤 6：补充“DynaLinkList.c”文件中的 ListDelete 函数，并在“demo10_2.c”文件中编写测试函数，验证该函数的正确性。

3．实验结果/结论

（1）实验结果

✓ 实验步骤 4 的运行结果如下所示。

```
动态链表基本操作实验
初始化链表…
ListLength(L) = 0
创建动态链表…
输入结点个数: 3↓
输入第 1 个结点: 1↓
输入第 2 个结点: 2↓
输入第 3 个结点: 3↓
istLength(L) = 3
遍历动态链表:   1       2       3
向表尾插入一个结点…
输入要插入的结点信息: 4↓
ListLength(L) = 4
遍历动态链表:   1       2       3       4
请按任意键继续…
```

✓ 实验步骤 5。

初始化链表的目的是建立一个头结点，并令指针 L 指向头结点。因此为要修改指针变量 L 的值，故在函数参数传递时，必须传递“地址”，而不能仅传递“数值”，对于指针变量 L，其地址(&L)类型即为 LinkList*类型(二重指针类型)。

✓ 实验步骤 6。

链表删除函数 ListDelete 的源代码如下所示。

```
/*源文件: DynaLinkList.c*/

/*删除链表中的第 i 个元素*/
void ListDelete(LinkList L, int i)
{
    /*ToDo Code Here*/
    /*算法思想: 先找到第 i-1 个结点,再删除第 i 个结点*/
    LinkList q, p = L->next;      /*p 指向第一个数据元素结点*/
    int k = 0;                    /*计数器*/
    while (p && k < i-1)          /*寻找第 i-1 个结点*/
    {
        p = p->next;              /*p 指针指向原 p 指针所指结点的后继*/
        ++k;
    }
    if (!p) return;               /*链表 L 中不存在第 i 个结点*/
    if (k > i-1) return;          /*传入的参数 i < 0 */

    q = p->next;                  /*q 指向待删除结点*/
    p->next = q->next;            /*第 i-1 个结点的指针域指向第 i+1 个结点*/
    free(q);                      /*释放第 i 个结点的存储空间*/
}
```

(2) 实验结论

✓ 动态链表结构是结构体的特殊形式，它包含两个域：数据域和指针域。数据域存储数据成员，指针域存储链表逻辑上的下一个结点的存储首地址。

✓ 动态链表的结点结构，体现了数据结构的思想。数据域存储数据元素，指针域存储“关系”信息，即“数据 + 关系 = 数据结构”。

✓ 对于动态链表，只要找到头指针L，即可遍历整个链表，这正是数据结构中“关系”的应用。

✓ 动态链表的“动态性”体现在，插入和删除的时候非常方便，只需要修改指针域即可，并不像数组一样，需要移动元素(参见第 7 章习题)。

✓ 动态链表结构可以有效地使用计算机上的内存空间。链表是由一个一个的结点组成的，而这些结点在内存空间上不一定是相邻的，因此动态链表可以有效地利用内存空间，减少“内存碎片”的产生。

10.1.3 共同体

1．实验目的

（1）掌握共同体的概念，理解共同体成员变量在内存中的存储形式。

（2）掌握共同体的使用。

2．实验步骤

步骤 1：打开 VS 2005，建立本次实验的实验项目 demo10_3，并新建一个实验文件“demo10_3.c”。

步骤 2：在“demo10_3.c”文件中输入以下代码。

```
/*源文件: demo10_3.c*/
#include <stdio.h>
#include <stdlib.h>

typedef union Test{      /*定义一个共同体类型*/
    char ch;             /*定义一个字符类型变量*/
    int x;               /*定义一个整型变量*/
}Test;

int main(void)
{
    /*ToDo Code Here*/
    Test test;           /*定义一个共同体对象 test*/

    /*打印共同体对象及其成员的内存空间大小*/
    printf("sizeof(test.ch) = %d\n", sizeof(test.ch));
    printf("sizeof(test.x) = %d\n", sizeof(test.x));
    printf("sizeof(test) = %d\n", sizeof(test));

    /*打印共同体对象及其成员在内存中的存储首地址*/
    printf("&test = %0X\n", &test);
    printf("&(test.ch) = %0X\n", &(test.ch));
    printf("&(test.x) = %0X\n", &(test.x));

    system("PAUSE");
    return 0;
}
```

步骤 3：编译、链接、运行上述程序，观察实验结果。

步骤 4：在源文件“demo10_3.c”中，将/*ToDo Code Here*/代码以下内容替换成如下所示代码，重新运行程序，会出现编译时错误，分析错误原因，并修改该错误，运行程序，观察实验结果。

```
/*ToDo Code Here*/

/*定义一个共同体对象,并为其赋初值*/
Test test = {'A', 0x11223344};
printf("test.ch = %c\n", test.ch);
printf("test.x = %0x\n", test.x);

test.x = 0x11223344;        /*对共同体对象数据成员 x 赋值*/
printf("test.ch = %c\n", test.ch);
printf("test.x = %0x\n", test.x);
```

步骤 5：在源文件“demo10_3.c”中，/*ToDo Code Here*/代码以下内容替换成如下所示代码，重新运行程序，观察实验结果。

```
/*ToDo Code Here*/

/*定义一个共同体数组并为其赋初值*/
Test test[2] = {{'A'}, {0x11223344}}; /*test[1]发生"内存截断"*/
/*定义一个共同体指针,并指向刚定义的共同体数组首地址*/
Test *p = test;

printf("test[0].ch = %c\t test[1].ch = %c\n", p->ch, (*(p+1)).ch);
printf("test[0].x = %0x\t test[1].x = %0x\n", p->x, (*(p+1)).x);
```

3. 实验结果/结论

（1）实验结果

✓ 实验步骤 3 的运行结果如下所示。

```
sizeof(test.ch) = 1
sizeof(test.x) = 4
sizeof(test) = 4
&test = 12FF60
&(test.ch) = 12FF60
&(test.x) = 12FF60
请按任意键继续. . .
```

✓ 实验步骤 4。

① 编译错误出现在语句“Test test = {'A', 0x11223344};”处，由于共同体对象的数据成员“共用”同一块内存空间，故在每一时刻，只能存储一种类型的数据成员，而不能同时共存多种数据成员。

② 将错误语句修改为：“Test test = {'A'};”，程序的运行结果如下所示。

```
test.ch = A
test.x = 41
test.ch = D
test.x = 11223344
请按任意键继续. . .
```

✓ 实验步骤 5 的运行结果如下所示。

```
test[0].ch = A   test[1].ch = D
test[0].x = 41   test[1].x = 44
请按任意键继续. . .
```

（2）实验结论

✓ 共同体是指同一个内存段可以用来存放几种不同类型的数据成员的机制。
✓ 共同体对象的内存大小取决于最宽数据成员的字节长度，所有成员“共同”使用同一个内存空间。
✓ 共同体变量的存储首地址和它的各成员变量的存储首地址都是同一地址。
✓ 共同体可以存放多种不同类型的数据成员，但是在每一瞬间，只能存放一种类型的数据成员。
✓ 共同体对象中起作用的成员是最后一次存放的数据成员，在存入一个新的成员后，原值会被覆盖。
✓ 在 C 语言程序中，可以定义共同体类型的数组和指针，使用方法同结构体。

10.2 理论解答题

10.2.1 填空题

（1）C 语言中定义枚举类型的关键字是 ________。

（2）已知有程序段：

```
enum color{red = 5, orange, yellow = 9, green, blue, indigo, purple = 20};
enum color choise1 = orange, choise2 = indigo;
printf("%d\t%d\t%d\n", choise1, choise2,sizeof(choise1));
```

VS 2005 编译器为变量 choise1 分配 ________ 个内存单元，该程序段的输出结果是 ________。

（3）C 语言允许用 ________ 声明类型别名代替原有的类型，以简化操作。

（4）已知有结构体定义

```
typedef struct student
{
    char name[18];
    int ID;
    int score;
}student;
```

若有“student stu;”，则 sizeof(stu.name)的值为 ________，sizeof(stu.score)的值为 ________，则 sizeof(stu)的值为 ________。

（5）已知有结构体定义

```
typedef struct student
  {
      char name[16];
      int ID: 3;
      int score;
  }student;
```

若有“student stu;”，则 sizeof(stu)的值为 ________；若将结构体定义中“int score;”改为“int score : 31;”，则 sizeof(stu)的值为 ________。

（6）已知有定义

```
struct  strB
{
   int a;
   int b;
}str;
```

若有“int *p;”，要想使 p 指向 str 中的数据成员 a，正确的赋值语句是 ________。

（7）下面程序要求通过指针 p 输出数组中第三个元素的值，请填空。

```
typedef struct strA
{
    int x;
    int y;
}strA;
_______ arr[3] = {{12, 25}, {15, 65}, {32, 36}};
_______ p = arr;
printf("%d\t%d\n", _______);
```

（8）下面程序的功能是使用结构体类型实现复数求和，请填空。

```
#include <stdio.h>
#include <stdlib.h>
typedef struct complex              /*定义复数类型*/
{
    int real;
    int image;
}complex;
int main(void)
{
    _______ x, y, z;                /*定义三个复数*/
    scanf("%d%d%d%d", _______);     /*输入两个复数 x,y*/
    z.real = x.real+y.real;
    z.image = x.image+y.image;

    printf("%d\t%d\n",z.real, z.image);
```

```
    system("PAUSE");
    return 0;
}
```

（9）下面程序的功能是在动态链表中创建 n 个 student 类型的结点，请填空。

```
student *createstu(int n)
{
    int i;
    student *head, *p1, *p2;
    head = p1 = (student*)malloc(sizeof(student));
    scanf("%d%s", &head->number, head->name);
    for(i = 2; i <= n; ++i)
    {
        p2 = (student*)malloc(sizeof(student));
        _______;
        scanf("%d", p2->number);
    }
    p2->next= NULL;
    _______;
}
```

（10）已知有如下结构体说明

```
struct node
{
    int data;
    struct node *next;
}node1, node2, node3, *p, *q, *r;
```

已知 node1、node2 是一个动态链表 L 中逻辑上相邻的两个结点，且 p 指向结点 node1，q 指向结点 node2，若有 r 指向结点 node3，则将结点 node3 插入到 node1 和 node2 之间的语句序列是 ________。

10.2.2 判断正误

（1）自定义数据类型与 C 语言内置类型可以相互转换。

（2）枚举类型、结构体、共同体都是自定义数据类型。

（3）枚举类型集合元素中的值只能为无符号整数。

（4）已知有定义“enum weather{sunny = 2.5, cloudy, rain};”，则 rain 的值为 4.5。

（5）已知有定义“enum weather{sunny, cloudy, rain};”，编译器将为类型名 weather 分配 4*3 个字节的内存单元。

（6）在程序运行过程中，可以改变枚举类型集合中元素的值。

（7）已知有如下结构体说明。

```
struct student
{
    int age;
    char sex;
}stu;
```

则 stu 为用户定义的结构体类型名，age、sex 是结构体成员名。

（8）结构体定义。

```
struct student
{
    name[20];
    ID;
}stu;
```

定义并声明了一个 student 类型对象 stu，该对象含有两个成员 name 和 ID。

（9）结构体对象的成员可以为任意存储类型的变量。

（10）若结构体对象存储在栈区则可以直接访问该对象；若结构体对象存储在堆区则只能通过指针间接访问。

（11）结构体中的成员可以单独使用。

（12）结构体对象之间可以进行赋值运算。

（13）结构体中的成员本身不能是一个结构体变量。

（14）结构体变量所占内存长度是各成员所占的内存长度之和。

（15）共同体变量所占的内存字节数是共同体中数据成员类型所占的内存字节数的最大值。

（16）结构体变量可以进行初始化，共同体变量不能进行初始化。

（17）若结构体对象存储在堆区，则不能在声明结构体变量时进行初始化赋值。

（18）在 C 语言中，程序执行期间结构体变量的成员变量一直存储在内存中，而共同体变量，在同一时刻只有一个成员变量存储在内存中，但若共同体变量所占用的内存未被当前成员变量占满，其他成员变量也可能存储在内存中。

（19）共同体和结构体每个成员变量的存储首地址都是不同的。

（20）已知有如下结构体说明。

```
struct node
{
    int data;
    struct node *next;
}x, y, *p = &x, *q =&y;
```

通过语句“x.next = q;”，“p.next = q;”，“(*p).next = q;”，均可以把结点 y 链接到结点 x 之后。

（21）访问单向链表中的任意一个结点都必须从头结点开始寻找。

10.2.3 简答题

（1）决定直接访问结构体成员或间接访问结构体成员的因素是什么？从内存角度讲，直接访问和间接访问有何区别？

（2）举例说明三种自定义数据类型各自的优点。

（3）已知有如下结构体说明，若 John 先生出生于 1982 年 9 月 15 日，请写出适当的赋值语句将 John 先生的信息存储在结构体变量 first 中（'0'表示男，'1'表示女）。

```
/*源文件: test10_1.c*/
struct person
{
    char name[20];
    char sex;
    struct birth
    {
        int year;
        int month;
        int day;
     };
}first;
```

（4）已知有如下结构体说明。

```
/*源文件: test10_2.c*/
#include <stdio.h>
#include <stdlib.h>

int main(void)
{
    struct strA
    {
        char name[4];
        char sex;
    };
    struct strB
    {
        struct strA ID;
        int age;
    }person;

    printf("%d\t%d\t%d\n",sizeof(person),sizeof(person.ID),
            sizeof(person.age));

    system("PAUSE");
    return 0;
}
```

① 该程序的输出结果是什么？如果“person.ID.name”存储首地址为 0X22FF60，请画出 person 的数据成员在内存中的存储示意图。

② 在原程序基础上，若将第 6 行语句改“typedef union strA;”，该程序的输出结果是么？如果“person.ID.name”存储首地址为 0X22FF60，请画出 person 的数据成员在内存中的存储示意图。

③ 在原程序基础上，若将第 11 行语句改为“union strB;”，该程序的输出结果是什么？如果“person.ID.name”存储首地址为 0X22FF60，请画出 person 的数据成员在内存中的存储示意图。

④ 在原程序基础上，若将第 6 行语句改为“typedef union strA;”，第 11 行语句改为 union strB;，该程序的输出结果是什么？如果“person.ID.name”存储首地址为 0X22FF60，请画出 person 的数据成员在内存中的存储示意图。

（5）已知有如下结构体说明

```
struct node{
    int data;                    /*数据域*/
    struct node *next;           /*指针域*/
}*p, *q, *r;
```

现在有根据上述结构建立起来的动态链表如下所示：

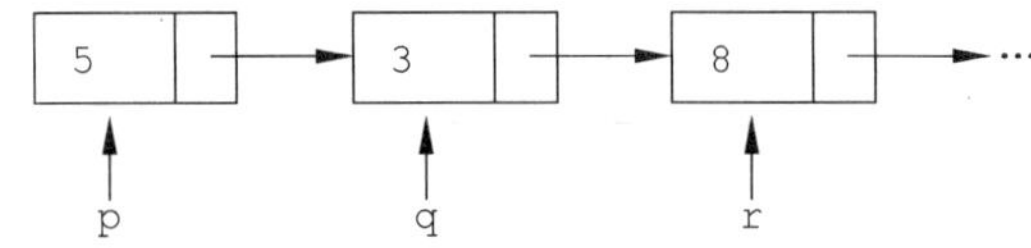

① 请写出交换 p 和 r 所指结点先后位置的语句，并画出交换位置过程示意图。

② 请写出将 p、q、r 所指结点按数据域数值，从大到小进行排序的语句。

③ 请写出删除 q 所指结点的语句，并画出删除过程示意图。

（6）根据目前所学知识，请举例说明动态链表有什么优点？为什么要引入动态链表？

10.3 程序设计题

在完成上述实验的基础上，按要求完成下面的习题。

（1）模拟逻辑值。利用宏可以模拟逻辑布尔值，利用枚举变量同样可以模拟逻辑布尔值。定义一个枚举变量 bool，模拟逻辑值的数据类型、逻辑真和逻辑假，试由此编写一个函数，判断两个 int 型数据是否相等，函数原型为：“bool IsSame(int a, int b);”（提示：函数的返回类型为 bool，而定义的枚举变量为 enum bool，不能直接使用 bool，只有用 typedef 定义后才可以直接使用 bool）。

（2）定义一个结构体 STUDENT，表示一个学生的信息，其中包括学生的姓名（字符串）、学号（字符串）、性别（逻辑值）、数学成绩（double 型）、计算机成绩（double 型）、总成绩（double 型）。编写一个程序，实现输入 10 个学生信息的功能，由用户输入的学生成绩，计算每个学生的总成绩（提示：用结构体数组实现）。

（3）利用题目 10.3.2 所定义的结构体，实现输出每个学生信息的功能，要求每一个学生的各项信息对齐输出，运行效果如下所示（只显示了两个学生信息）。

```
学号      姓名  性别  数学     计算机   总成绩
2009001  张三  男    85.00    75.00    160.00
2009002  李四  女    80.00    90.00    170.00
请按任意键继续. . .
```

（4）利用程序设计题 10.3.2 所定义的结构体，实现对结构体中的 10 个学生记录按总成绩进行排序的功能。

（5）利用程序设计题 10.3.2 所定义的结构体，实现对结构体中的 10 个学生记录，按学号进行查找的功能，若存在该学号的学生记录，则打印出该学生信息；若不存在该学生信息，输出查找失败提示。

（6）利用程序设计题 10.3.2 所定义的结构体，实现对结构体中的学生记录进行插入和删除的功能。

（7）把程序设计题 10.3.2～程序设计题 10.3.6 的各项功能封装成为函数，依次在主函数中调用它们。同时编写功能菜单函数，实现一个学生信息管理程序，该程序可以根据用户输入的指令符号，选择功能执行。运行效果如下所示。

```
学生信息管理
------------------------------------------------------
[1] 输入学生信息      [2] 输出学生信息
[3] 排序学生信息      [4] 查找学生信息
[5] 插入学生信息      [6] 删除学生信息
[0] 退出
------------------------------------------------------
请输入您选择的主菜单功能(0～6): 1↓
请输入学生个数: 2↓
请输入第 1 个学生的信息（姓名、学号、性别、数学、计算机，中间加空格）:
张三 2009001 男 85 75↓
请输入第 2 个学生的信息（姓名、学号、性别、数学、计算机，中间加空格）:
李四 2009002 女 80 90↓
输入学生信息完毕...
请输入您选择的主菜单功能(0～6): 0↓
请按任意键继续...
```

（8）头插法建立链表。上机实践 10.1.2 中链表的建立方法是向链表的尾部添加新结点，称为“尾插法”，若把新添加的结点插入到已存在结点的前边，则称之为“头插法”。如用“头插法”建立一个链表，若输入序列为 1、2、3，则建立后的链表中结点的逻辑顺序是 3、2、1。编写程序，实现用“头插法”建立链表的算法思想，并在上机实践 10.1.2 中调试程序。

（9）修改上机实践 10.1.2 中求表长的函数，实现用递归的方法求表长的函数。

（10）链表逆置。编写一个函数，将一个链表进行逆置。如若原表中的元素分别为 1、2、3，则逆置后表中的元素分别为 3、2、1。

（11）试利用动态链表作为存储结构，重新编写程序，解决程序设计题 10.3.7。

（12）集合求交。设用两个动态链表 La 和 Lb 分别表示两个集合 A 和 B，编写函数，用链表 La 表示集合 A 和 B 的交集。（提示：遍历链表 La，若链表 La 中的元素在 Lb 中同样存在，则删除链表 La 中的当前元素。）

（13）集合求并。设用两个动态链表 La 和 Lb 分别表示两个集合 A 和 B，编写函数，用链表 La 表示集合 A 和 B 的并集。

（14）循环链表。在上机实践 10.1.2 中，若把链表中最后一个结点的指针域指向链表的头结点，则此时的链表结构称之为循环链表，即整个链表是一个环，可以从链表中的任何一个元素出发，遍历整个链表。试对循环链表编写判空函数，函数原型是："bool ListEmpty(Cir_LinkList L);"，其中 Cir_LinkList 为循环链表（带头结点）的一个结点结构类型，返回类型 bool 为逻辑值类型，可以利用程序设计题 10.3.1 所定义的枚举变量，若循环链表为空表，则返回 true，否则返回 false。

（15）约瑟夫环问题。已知 n 个人（以编号 1，2，3，…，n 分别表示）围坐在一张圆桌周围。从编号为 1 的人开始报数，数到 k 的那个人出列；他的下一个人又从 1 开始报数，数到 k 的那个人又出列；依此规律重复下去，直到圆桌周围的人全部出列。试编写一个函数，求最后一个出列的人的编号，函数原型为："int Josephus(int n, int k);"。（提示：可以使用数组实现、动态链表实现，利用无头结点的循环链表实现比较方便。）

（16）密码破译。若密码的编译规则是把一个字符串（共 4 个字符）的每个字符作为一个 int 型变量的一个字节，则破译密码的方法为：对于截获的一个 int 型变量，分别求出其每一个字节数值所对应的 ASCII 码，即得到一个原码。现获得的一个 int 型变量数据是 0X41424344（十六进制），求其原码所代表的字符串。

编程提示：

① 本题目在第 6 章中已经出现，当时所采用的方法是通过指针变量的强制类型转换来实现。

② 可以利用位运算，求出一个 int 型变量的每一个字节所对应的 ASCII 码。

③ 可以利用共同体变量，求一个 int 型变量的每一个字节所对应的 ASCII 码（参考上机实践 10.1.3）。

第 11 章　标准库函数

本章学习目标：

✓ 掌握标准库的作用。
✓ 了解有哪些标准头文件，各头文件中主要声明什么样的函数。
✓ 掌握字符及字符串处理方面的标准库函数的用法。
✓ 掌握内存管理方面的标准库函数的用法。
✓ 掌握文件操作的标准库函数，掌握文件与内存间数据“交换”的方法。
✓ 掌握标准输入输出函数的使用方法及区别。
✓ 了解标准语言补充方面的相关知识。

11.1　上机实践题

11.1.1　静态库 DIY

1．实验目的

（1）理解标准库的作用，学会使用标准库。

（2）掌握常用的字符、字符串处理函数。

（3）掌握 DIY 静态库的方法。

2．实验步骤

本次实验的内容是对用户传入的一个字符串进行处理，将其中的大写字母转换成小写字母，并将结果输出到屏幕上。

步骤 1：打开 VS 2005，建立本次实验的实验项目 demo11_1，并新建一个头文件“function.h”和一个源文件“function.c”。

步骤 2：分别在“function.h”和“function.c”文件中输入以下代码。

```
/*头文件: function.h*/
#ifndef _function_H_            /*预处理*/
#define _function_H_

#include <ctype.h>              /*isalpha、isupper 和 tolower 函数在此定义*/
#include <string.h>             /*strlen 函数在此定义*/

/*把一个字符串中的大写字母转换为小写字母*/
```

```
void upper2lower(char *str);

#endif _function_H_
```

```
/*源文件: function.c*/
#include "function.h"

/*把一个字符串中的大写字母转换为小写字母*/
void upper2lower(char *str)
{
    int i = 0, length = strlen(str);                    /*求字符串 str 的长度*/

    for (i = 0; i < length; ++i)
    {
        if (isalpha(str[i]) && isupper(str[i]))         /*当前字符为大写字母*/
            str[i] = tolower(str[i]);                   /*转换为小写字母*/
    }
}
```

步骤 3：在实验项目 domo11_1 中新建一个源文件“demo11_1.c”，并输入以下代码。

```
/*源文件: demo11_1.c*/
#include <stdio.h>
#include <stdlib.h>
#include "function.h"                    /*upper2lower 函数在此文件中声明*/

int main(void)
{
    char str[100];
    printf("输入一个字符串: ");
    scanf("%s", str);

    upper2lower(str);

    printf("转换后的字符串 str = %s\n", str);

    system("PAUSE");
    return 0;
}
```

步骤 4：编译、链接、运行上述程序，观察实验结果。

步骤 5：在项目 domo11_1 中，把头文件“function.h”和源文件“function.c”中的内容分别替换为以下代码，重新运行程序，观察实验结果。

```
/*头文件: function.h*/
/*不使用标准库函数,实现程序*/
#ifndef _function_H_   /*预处理*/
```

```
#define _function_H_

typedef enum bool {false, true} bool;  /*定义逻辑布尔值枚举类型*/

bool isalpha(char ch);                  /*判断字符 ch 是否为字母*/
bool isupper(char ch);                  /*判断字符 ch 是否为大写字母*/
int strlen(char *str);                  /*计算字符串 str 的长度（不含'\0'）*/
char tolower(char ch);                  /*把字符 ch 转化为小写字母形式*/

/*把一个字符串中的大写字母转换为小写字母*/
void upper2lower(char *str);

#endif _function_H_

/*源文件: function.c*/
#include "function.h"

/*判断字符 ch 是否为字母*/
bool isalpha(char ch)
{
    if ((ch >= 'a' && ch <= 'z') || (ch >= 'A' && ch <= 'Z'))
        return true;
    return false;
}

/*判断字符 ch 是否为大写字母*/
bool isupper(char ch)
{
    if (ch >= 'A' && ch <= 'Z')
        return true;
    return false;
}

/*计算字符串 str 的长度（不含'\0'）*/
int strlen(char *str)
{
    int length = 0;
    char *p = str;
    while (*p++ != '\0')                  /*'\0'为字符串结束标识*/
        ++length;

    return length;
}

/*把字符 ch 转化为小写字母形式*/
```

```
char tolower(char ch)
{
    return ch+32;
}

/*把一个字符串中的大写字母转换为小写字母*/
void upper2lower(char *str)
{
    int i = 0, length = strlen(str);                /*求字符串 str 的长度*/

    for (i = 0; i < length; ++i)
    {
        if (isalpha(str[i]) && isupper(str[i]))     /*当前字符为大写字母*/
            str[i] = tolower(str[i]);               /*转换为小写字母*/
    }
}
```

步骤 6：若使用 VS 2005 新建一个实验项目 function_lib，设定 function_lib 项目为静态库项目，具体过程如下所示。

（1）打开 VS 2005，选择“文件”→“新建”→“项目”选项，并选择一个“WIN32 控制台应用程序”项目，单击“下一步”按钮。

（2）在弹出的对话框中，选择“静态库”，单击“完成”按钮，如图 11-1 所示。

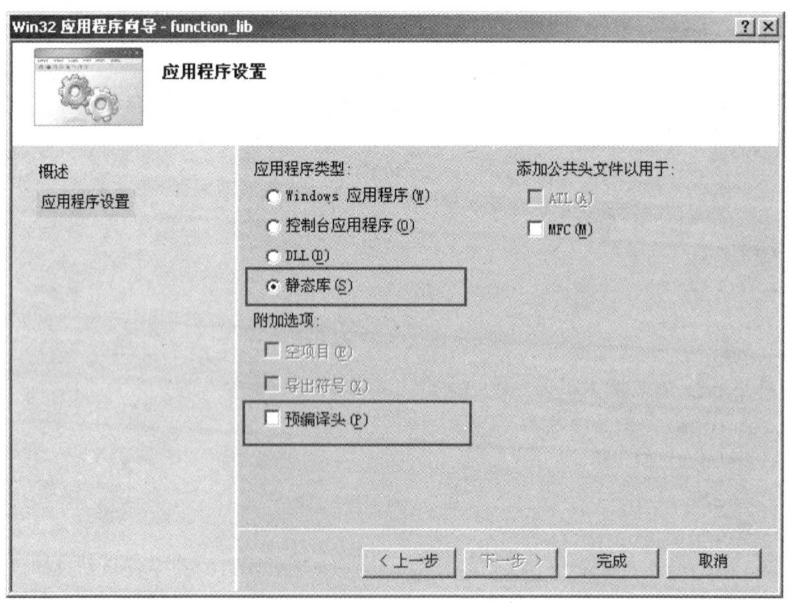

图 11-1　VS 2005 项目中的“静态库”选择项

（3）在静态库项目 function_lib 中，添加一个头文件“function.h”和一个源文件“function.c”，文件内容同步骤 5 中的两个文件内容。

（4）编译、链接、运行静态库项目 function_lib，生成了一个静态库文件“function_lib.lib”。

步骤 7：把步骤 6 生成的“function_lib.lib”文件，复制到 VS 2005 的安装目录下的 lib 文件夹中，并重新打开实验项目 demo11_1。在项目 demo11_1 中，移除文件“function.h”和“function.c”，并在“demo11_1.c”文件中，去掉文件包含语句“#include "function.h"”，同时按下快捷键 Alt+F7，打开项目属性对话框，按照图 11-2 所示，设定项目属性。

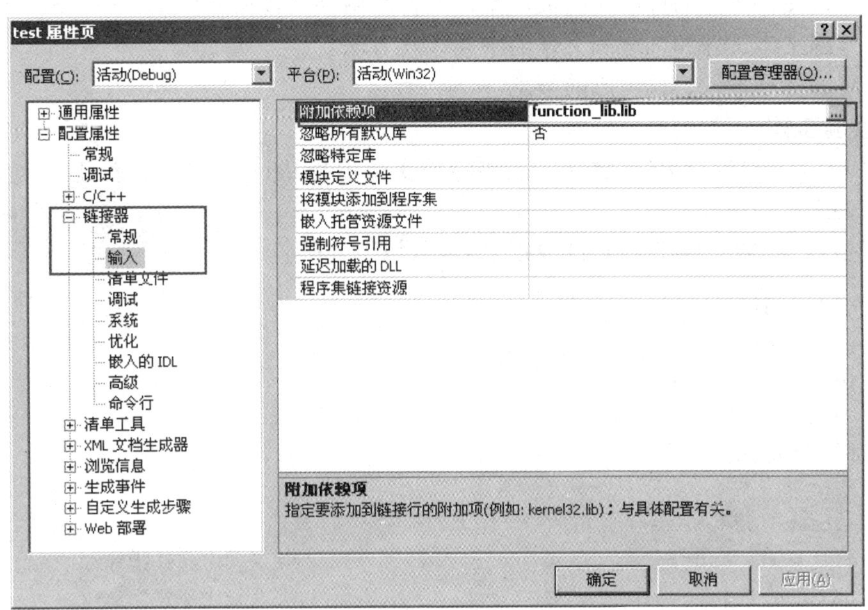

图 11-2　VS 2005 项目中的“静态库”配置页面

步骤 8：编译、链接、运行程序“demo11_1.c”，观察实验结果。

3．实验结果/结论

（1）实验结果

✓　实验步骤 4 的运行结果如下所示。

```
输入一个字符串: aBcDEFg↓
转换后的字符串 str = abcdefg
请按任意键继续. . .
```

✓　实验步骤 5 的运行结果同实验步骤 4 完全相同。

✓　实验步骤 6 的运行结果同实验步骤 4 完全相同。

（2）实验结论

✓　标准库函数是标准 C 语言的一部分，使用标准库函数所提供的一些函数，可以很方便地实现一些常用的基本操作。

✓　用户可以自己实现标准库函数中的函数，若自己已经实现函数，在使用时，则不必包含标准库函数所对应的头文件。

✓　用户可以把自己编写的一些常用函数，封装成静态库。在以后编写程序的过程中，若需要使用自定义库文件中所定义的函数，只需要添加该库文件即可，这样就实现了 C 语言函数库的重复利用。

11.1.2 文件函数

1．实验目的

（1）了解文件的两种格式，分析文本文件和二进制文件的区别。

（2）掌握文件操作的标准库函数，掌握文件与内存间数据“交换”的方法。

（3）掌握文本文件和二进制文件的不同读写方法。

（4）理解标准输入、输出流的概念。

2．实验步骤

步骤 1：打开 VS 2005，建立本次实验的实验项目 demo11_2，并新建一个实验文件“demo11_2.c”。

步骤 2：在实验文件“demo11_2.c”中输入以下代码。

```
/*源文件: demo11_2.c*/
#include <stdio.h>
#include <stdlib.h>

int main(void)
{
    /*ToDo Code Here*/
    FILE *in, *out;                          /*定义两个文件指针*/
    char ch;                                 /*定义一个字符变量*/
    char *infilename = "infile.txt";         /*待读入文件*/
    char *outfilename = "outfile.txt";       /*待写入文件*/

    if ((in = fopen(infilename, "r")) == NULL)
    {   /*打开读入文件*/
        fprintf(stderr, "open %s failed. Error code: %s\n",
                infilename, strerror(errno));
        return -1;
    }
    if ((out = fopen(outfilename, "w")) == NULL)
    {   /*打开写入文件*/
        fprintf(stderr, "open %s failed. Error code: %s\n",
                outfilename, strerror(errno));
        return -1;
    }

    ch = fgetc(in);                              /*读入文件中读取第一个字符*/
    while (ch != EOF)                            /*当前读入字符不是文件结束符*/
    {
        fputc(ch, stdout);                       /*写入到标准输出流*/
        fputc(ch, out);                          /*写入到 out 指针所指文件*/
        ch = fgetc(in);                          /*读取下一个字符*/
```

```
        }

    fclose(in); fclose(out);          /*关闭打开的两个文件*/

    printf("The text in the %s is:\n", outfilename);
    system("type outfile.txt");       /*调用 DOS 命令,打开"outfile.txt"文件*/

    system("PAUSE");
    return 0;
}
```

步骤3：编译、链接、运行上述程序，观察实验结果。

步骤4：把源文件“demo11_2.c”中的内容，修改为以下代码，重新运行程序，观察实验结果。

```
/*源文件: demo11_2.c*/
#include <stdio.h>
#include <stdlib.h>

#define MAX 40                         /*宏定义,字符数组最大长度*/

int main(void)
{
    /*ToDo Code Here*/
    FILE *fp;                          /*定义文件指针*/
    char words[MAX];                   /*定义字符数组*/

    if ((fp = fopen("fprintfile.txt", "a+")) == NULL)
    {
        fprintf(stderr, "open fprintfile.txt failed.
                Error code: %s\n", strerror(errno));
        return -1;
    }

    printf("Enter words to add to the file,
           press the Enter key to terminate.\n");
    /*用户从键盘上输入的字符串,依次写入文件*/
    while (gets(words) != NULL && words[0] != '\0')
        fprintf(fp, "%s ", words);

    printf("File contents:\n");

    rewind(fp);                        /*回到文件开始处*/
    /*读取文件中的每个字符串,并输出到屏幕上*/
```

```
    while (fscanf(fp, "%s", words) == 1)
        fprintf(stdout, "%s ", words);
    fprintf(stdout, "\n");

    fclose(fp);              /*关闭打开的文件*/

    system("PAUSE");
    return 0;
}
```

步骤 5：编译、链接、运行程序，观察实验结果。

步骤 6：把源文件“demo11_2.c”中的内容，修改为以下代码，重新运行程序，观察实验结果。

```
/*源文件: demo11_2.c*/
#include <stdio.h>
#include <stdlib.h>

#define MAX 40                          /*宏定义,字符数组最大长度*/

int main(void)
{
    /*ToDo Code Here*/
    FILE *fp1, *fp2;                    /*定义文件指针*/
    long size1, size2;
    double pi = 3.1415926;              /*定义 double 型变量*/
    char str[MAX];
    double tmp;

    if ((fp1 = fopen("test1.txt", "a+")) == NULL)
    {
        fprintf(stderr, "open test1.txt failed.
                Error code: %s\n", strerror(errno));
        return -1;
    }
    if ((fp2 = fopen("test2.txt", "a+")) == NULL)
    {
        fprintf(stderr, "open test2.txt failed.
                Error code: %s\n", strerror(errno));
        return -1;
    }

    fprintf(fp1, "%.12f", pi);  /*以文本方式写入文件*/
    fwrite(&pi, sizeof(double), 1, fp2);     /*以二进制方式写入文件*/
```

```
    rewind(fp1);                    /*回到文件开始处*/
    rewind(fp2);

    /*读取文件中的数据,并输出到屏幕上*/
    fscanf(fp1, "%s", str);
    fread(&tmp, sizeof(double), 1, fp2);
    printf("str = %s\n", str);
    printf("tmp = %f\n", tmp);

    /*把两个文件指针的当前活动指针指向文件结尾*/
    fseek(fp1, 0L, SEEK_END);
    fseek(fp2, 0L, SEEK_END);

    /*输出两个文件的大小*/
    size1 = ftell(fp1);
    size2 = ftell(fp2);

    printf("两个文件的字节数分别是: \n");
    printf("size1 = %d\n", size1);
    printf("size2 = %d\n", size2);

    fclose(fp1);            /*关闭打开的文件*/
    fclose(fp2);            /*关闭打开的文件*/
    system("PAUSE");
    return 0;
}
```

步骤 7：把源文件“demo11_2.c”中的内容，修改为以下代码，重新运行程序，观察实验结果。

```
/*源文件: demo11_2.c*/
#include <stdio.h>
#include <stdlib.h>

#define ARSIZE 40                           /*宏定义,数组最大长度*/

int main(void)
{
    /*ToDo Code Here*/
    double numbers[ARSIZE] = {0};  /*定义 double 型数组*/
    double value;                  /*定义 double 型临时变量*/
    int i;                         /*定义索引号*/
    long pos;                      /*定义相对于文件开头的偏移量*/
```

```
    FILE *iofile;                    /*定义文件指针*/

    for (i = 1; i < ARSIZE; ++i)    /*分别为 numbers[i]赋值*/
        numbers[i] = 1.0 / i;

    if ((iofile = fopen("numbers.dat", "wb")) == NULL)
    {
        fprintf(stderr, "open numbers.dat failed.
                Error code: %s\n", strerror(errno));
        return -1;
    }

    /*把数组的值写入文件*/
    fwrite(numbers, sizeof(double), ARSIZE, iofile);

    fclose(iofile);                  /*关闭当前文件*/

    if ((iofile = fopen("numbers.dat", "rb")) == NULL)
    {
        fprintf(stderr, "open numbers.dat failed.
                Error code: %s\n", strerror(errno));
        return -1;
    }

    printf("Enter an index in the range 0~%d.\n", ARSIZE-1);
    scanf("%d", &i);
    while (i >= 0 && i < ARSIZE)         /*循环条件为索引号在可允许范围内*/
    {
        pos = (long)i * sizeof(double);  /*计算偏移量*/
        fseek(iofile, pos, SEEK_SET);    /*文件指针移到偏移量位置*/
        /*从文件中读取一个 double 型变量*/
        fread(&value, sizeof(double), 1, iofile);
        printf("numbers[%d] = %f\n", i, value);
        printf("Enter the next index:");
        scanf("%d", &i);
    }

    fclose(iofile);                              /*关闭打开的文件*/

    system("PAUSE");
    return 0;
}
```

3．实验结果/结论

（1）实验结果

✓ 实验步骤4的运行结果如下所示。

```
abcdefghijklmnopqrstuvwxyz
The text in the outfile.txt is:
abcdefghijklmnopqrstuvwxyz
请按任意键继续. . .
```

✓ 实验步骤5的运行结果如下所示。

```
Enter words to add to the file,press the Enter key to terminate.
This is a simple
test!

File contents:
This is a simple test!
请按任意键继续. . .
```

✓ 实验步骤6的运行结果如下所示。

```
str = 3.141592600000
tmp = 3.141593
两个文件的字节数分别是:
size1 = 14
size2 = 8
请按任意键继续. . .
```

✓ 实验步骤7的运行结果如下所示。

```
Enter an index in the range 0~39.
1
numbers[1] = 1.000000
Enter the next index:3
numbers[3] = 0.333333
Enter the next index:4
numbers[4] = 0.250000
Enter the next index:-1
请按任意键继续. . .
```

（2）实验结论

✓ C语言将输入输出看作“流”，流的来源可以是文件或输入/输出设备。

✓ 标准输入/输出流 stdin、stdout、stderr，本质上是一个文件指针，使用方法与普通文件指针完全相同。

✓ 要存取文件，可以用一个文件指针与一个具体的文件名相关联（即打开文件），以后可以使用文件指针而不是文件名来处理文件，当不再使用该文件时，应及时关闭该文件（即取消文件指针与该文件的关联）。

- ✓ 文本文件的读写与从标准输入/输出流的读写类似，只是需要显式地给出文件指针。
- ✓ 文本文件的读写以字符串的形式进行，即任何数据类型的信息都以字符的形式写入文件或从文件中读取。
- ✓ 二进制文件的读写按照数据信息在内存中的存储形式进行，利用 fread 和 fwrite 函数可以在不损失精度的前提下保存或者恢复数据信息。
- ✓ 使用 fseek 函数可以实现二进制文件的随机读写。

11.2 理论解答题

11.2.1 配对练习

在右栏中找出与左栏中的函数调用相匹配的头文件，并将其首字母填写在相应术语的前面。

术语	解释
____（1）printf("\n")	（a）ctype.h
____（2）strcpy(s1, s2)	（b）setjmp.h
____（3）system("PAUSE")	（c）math.h
____（4）assert(p != NULL)	（d）stdarg.h
____（5）pow(2, 8)	（e）assert.h
____（6）time(NULL)	（f）string.h
____（7）isalnum(ch)	（g）stdio.h
____（8）va_start(ap, n)	（h）time.h
____（9）setjmp(jumper)	（i）stdlib.h

11.2.2 填空题

（1）判断字符 ch 是否为标点符号的函数调用语句是 ________。

（2）基于 ________ 的概念，C 语言提供了丰富的输入/输出函数，数据流有两种模型：________ 和 ________。

（3）大部分对字符串进行操作的函数在头文件 ________ 中声明，某些标准 C 语言转换函数在头文件 ________ 中声明，tolower 函数在头文件 ________ 中声明，gets 函数在头文件 ________ 中声明。

（4）操作系统是以 ________ 为单位对数据进行管理的。

（5）C 语言里提供的文件定位函数，包含在头文件 ________ 里。

（6）已知文件“hello.txt”存储在 D 盘 file 文件夹下，若有 FILE *fp，则用 fopen 函数以“r”方式打开此文件的 C 语言语句是 ________，关闭此文件的 C 语言语句是 ________。

（7）将文件指针结构体中的当前活动指针 fp 移动到当前位置前 10 个字节处的 C 语言语句是 ________，将当前活动指针移动到当前位置后 10 个字节处的 C 语言语句是 ________，将当前活动指针移动到文件开头位置的 C 语言语句是 ________。

（8）fseek 函数的功能是 ________ ，它的第三个参数的可能取值有 ________、________ 和 ________。

（9）可以向屏幕上输出信息的两个标准输出流是 ________ 和 ________。

（10）包含空指针字面值 NULL 宏定义的头文件是 ________ 。

（11） C 语言提供的 5 种标准输入输出数据流分别是 ________、________、________、________ 和 ________。

（12）函数 sizeof 的返回值类型是 ________，根据实现的不同它可能是 C 语言内置类型 ________ 或 ________ 的别名。

（13）两个指针相减的结果类型可用 ________ 表示，根据实现的不同它可能是 C 语言内置类型 ________ 或 ________ 的别名。

（14）下面程序段的功能是把文件“file1.txt”中的内容复制到文件“file2.txt”中，并把文件“file1.txt”中的小写字母变为大写字母，请填空完成程序。

```
_____________________
fp1 = fopen("file1.txt", "r");      /*打开文件*/
fp2 = fopen("file2.txt", "w+");
/*此处判断文件是否打开的语句已省略*/
char ch = fgetc(fp1);
while(ch != EOF)
{
    if(ch >= 'a' && ch <= 'z')   ch -= 32;
    _____________________
    ch = fgetc(fp1);
}
_____________________               /*关闭文件 file1.txt*/
_____________________               /*关闭文件 file2.txt*/
```

（15）已知文件“file.txt”已存在，且此时文件中的内容为：ABCDEFG，若有以下代码段：

```
FILE *fp;
fp = fopen("file.txt", "r+");
fputs("HELLO", fp);             /*把字符串添加到 fp 所指向的文件中*/
```

则执行以上程序段后“file.txt”中的内容为 ________。

若文件打开方式为"a+"，则执行以上程序段后“file.txt”中的内容为 ________。

若文件打开方式为"w+"，则执行以上程序段后“file.txt”中的内容为 ________。

11.2.3 判断正误

（1）通过 isalnum 函数可以判断形参 c 是否为字母或数字。

（2）在 C 语言程序中，islower 函数和 isupper 函数可以代替 isalpha 函数实现相同的功能。

（3）isblank(ch)函数将判断 ch 是否为'\t'、'\r'、'\n'、'\v'、'\f'中的一个，若是则该函数的返回值为 1，否则返回 0。

（4）执行完语句“i = iscntrl(7);”后 i 的值为 1。

（5）执行完语句“i = iscntrl('7');”后 i 的值为 1。

（6）tolower 函数会将大写字母转换为小写字母，将小写字母转换为大写字母。

（7）C 语言只能以文本文件方式或二进制文件方式进行读写操作。

（8）文件的“读”操作是指将存储在硬盘文件上的数据读入内存进行处理的过程。

（9）对同一类型的文件，既可以以二进制文件形式打开，也可以以文本文件形式打开。

（10）fprint 函数与 printf 函数功能相似，都是向屏幕上输出数据信息的函数。

（11）fseek(fp, 0L, SEEK_SET)与 rewind(fp)达到的效果相同。

（12）文件指针结构体中当前活动指针，可通过自增或自减操作，访问文件中相邻位置的字符。

（13）C 语言提供的 5 种标准输入输出数据流均是文件。

（14）C 语言中被视为“标准语言补充”的标准库属于非标准库。

（15）“stdarg.h”中包含的函数为编程人员提供了访问可变参数表的方法。

（16）语句“va_list ap;”声明一个变量，该变量类型为 va_list。

（17）参数个数不确定的函数都是可变参数函数。

（18）在任何编译器中，bool 类型的变量都只有两种取值，即 true 和 false。

11.2.4 简答题

（1）请举例说明文件打开方式为"w"或"r+"时对文件的处理方式有何异同。

（2）请举例说明文件打开方式为"a"或"w+"时对文件的处理方式有何异同。

（3）用 fopen 函数打开文本文件时，若文件不存在，则自动生成新文件并进行读写的打开方式有哪些？

（4）C 语言中被称为“标准语言补充”的标准库头文件有哪几个？分别说明它们主要实现哪些功能。

（5）前面已经介绍过“limit.h”和“float.h”文件，请查阅相关资料举例说明这两个文件有何异同。

（6）“stdint.h”中定义的 5 类数据类型分别是什么？简述每个数据类型的作用。

（7）阅读下面代码，根据要求回答问题

```
/*源文件: test11_1.c*/
char str1[] = "I love you not because of who you are, ";
char str2[] = "but because of who I am when I am with you.";
char *tmp1, *tmp2;


tmp1 = strchr(str1, 'w');
tmp2 = strchr(str2, 'w');
```

① 执行语句“puts(tmp1);”后屏幕上将输出什么？

② 执行语句“printf("%d\n",strcmp(tmp1, tmp2));”后屏幕上将输出什么？

③ 执行语句“puts(strncpy(tmp1, tmp2, 12));”后屏幕上将输出什么？

④ strlen(tmp2)的值为多少？

（8）阅读下面代码，回答问题。

```
行号 /*源文件: test11_2.c*/
1    #include <stdio.h>
2    #include <stdlib.h>
3
4    int main(void)
5    {
6        FILE *fp, *fp1;
7        char ch;
8        fp = fopen("seek.txt", "w+");
9
10           /*ToDo Code Here*/
11
12       if(!fp || !fp1)
13       {
14           printf("error\n");
15           exit(-1);
16       }
17
18       for(ch = 'A'; ch <= 'Z'; ++ch)
19           fputc(ch, fp);
20       fprintf(fp1, "当前 fp 指针指向的字符位置是: %d。\n", ftell(fp));
21
22       rewind(fp);    /*文件指针结构体的当前活动指针回指文件开头*/
23       ch = fgetc(fp);
24       fprintf(fp1, "此时指针 fp 指向的字符是: %c。\n", ch);
25
26       fseek(fp, 10L, SEEK_SET);
27       ch = fgetc(fp);
28       fprintf(fp1, "此时指针 fp 指向的字符是: %c。\n", ch);
29       fprintf(fp1, "当前 fp 指针指向的字符位置是: %d。\n", ftell(fp));
30
31       fclose(fp); fclose(fp1);
32
33       system("PAUSE");
34       return 0;
35   }
36
```

① 若将以下代码放在上面程序的第 10 行，则“result.txt”文件中的内容是什么？

```
fp1 = fopen("result.txt", "w+");
```

② 若将以下代码放在上面程序的第 10 行，则“result.txt”文件中的内容是什么？

```
fp1 = fopen("result.txt", "wb+");
```

（9）若在程序中包含有头文件“iso646.h”，则与下列语句等价的语句是什么？

```
① if(a && b) printf("a 和 b 均为非 0 值");
② return a != b ? a & b : a | b;
③ a &= b;
④ (~a) ^ (!b);
```

11.3 程序设计题

在完成上述实验的基础上，按要求完成下面的习题。

（1）编写一个字符处理函数，判断形参中的字符是否为数字（即是否为'0'～'9'中的一个），函数原型为：“bool isdigit(char ch);”（提示：bool 类型可以使用宏定义或枚举类型变量标识）。

（2）编写一个字符串处理函数，实现比较两个字符串的功能，函数具体要求与 strcmp 的功能相同。函数原型为：“int strcmp(const char *str1, const char *str2);”。

（3）编写两个函数，返回形参中的两个数据的最大值和最小值，并仿照上机实践 11.1.1，把这两个函数封装成静态库，以方便后续使用。

（4）编写一个函数，统计一个文本文件中 26 个英文字母的出现次数，把大写字母和小写字母看作同一个字母，函数原型是：“void StaticFile(FILE *fp, unsigned int *w);”，其中 fp 表示文本文件所对应的文件指针，数组 w 用来记录 26 个英文字母各自出现的次数。

（5）编写一个函数，实现文件复制的功能，函数原型是：“void FileCopy(FILE *in, FILE *out);”，其中 in 表示待复制的文件所对应的文件指针，out 表示复制后的文件所对应的文件指针。

（6）编写一个程序，实现命令行模式下的文件复制操作。

编程提示：

① 命令行模式下的程序，即在命令行窗口下输入可执行文件名和所需要的参数，即可运行的程序。

② 命令行程序需要使用 main 函数的第二种常用形式：“int main(int argc, char *argv[])”，其中第一个参数 argc 表示在命令行下共输入了 argc 个字符串（包括可执行文件名），argv 为一个二维字符数组，分别表示用户在命令行模式下输入的第 0 个～第(argc−1)个字符串。

③ 本程序的使用方法为：在命令行输入“FileCopy sorce.txt destination.txt”，程序即会完成“sorce.txt”向“destination.txt”文件的复制。

（7）压缩存储。编写一个函数，将一个字符串中的数据进行压缩后存储在一个文件中，其中字符串是由一系列 0 和 1 组成的序列。压缩方法为：依次取字符串中的 8 位，作为一个 unsigned char 型数据的二进制表示形式，把这 8 位二进制字符序列转换为相对应的 char 型数据，把该 char 型数据存储到一个以二进制形式打开的文件中，即完成了 8 个字节压缩为 1 个字节的效果。函数原型是：“void Compress(char *str, FILE *fp);”（提示：使用 fwrite 函数实现二进制文件的写入）。

（8）编写一个程序，利用文件实现学生信息管理系统。程序要求把所有的学生信息存储在文件中，以便于保留。题目要求同第 10 章程序设计题 10.3.7。

第 12 章　项目实战：空当接龙游戏开发

本章学习目标：

✓ 掌握非标准库的作用及其使用。

✓ 初步了解一个项目从需求分析到编码测试所经历的步骤。

✓ 理解并掌握 SDL 游戏库的作用及其使用。

✓ 增强项目实战（大程序）的编写及调试能力。

12.1　上机实践题

VS 2005 下配置 SDL

1．实验日的

（1）掌握在 VS 2005 下，SDL 环境的配置。

（2）理解非标准库的作用，学会使用非标准库。

（3）初步掌握 SDL 在游戏开发中的应用。

2．实验步骤

步骤 1：下载对应于 VS 2005 的 SDL 的 SDK 开发工具包，下载网址为：
http://www.libsdl.org/download-1.2.php，选择如图 12-1 所示窗口中的软件包。

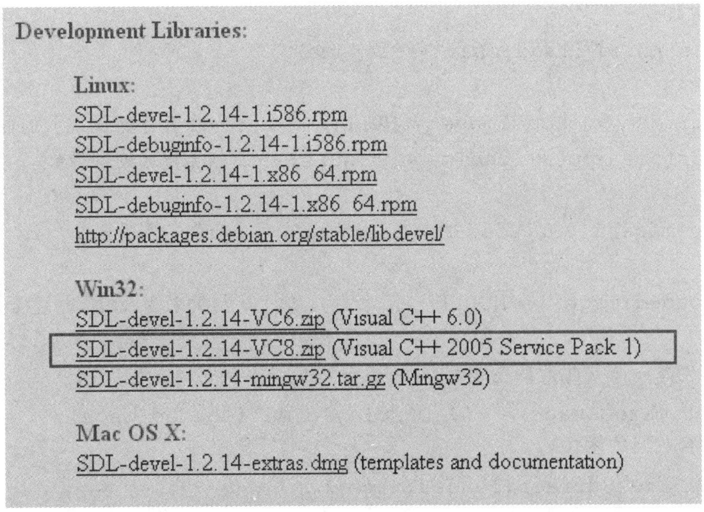

Development Libraries:

Linux:
SDL-devel-1.2.14-1.i586.rpm
SDL-debuginfo-1.2.14-1.i586.rpm
SDL-devel-1.2.14-1.x86_64.rpm
SDL-debuginfo-1.2.14-1.x86_64.rpm
http://packages.debian.org/stable/libdevel/

Win32:
SDL-devel-1.2.14-VC6.zip (Visual C++ 6.0)
SDL-devel-1.2.14-VC8.zip (Visual C++ 2005 Service Pack 1)
SDL-devel-1.2.14-mingw32.tar.gz (Mingw32)

Mac OS X:
SDL-devel-1.2.14-extras.dmg (templates and documentation)

图 12-1　SDL 下载包目录

步骤 2：配置 SDL 游戏开发环境。

（1）解压缩下载好的 SDL 压缩包，确认数据无损坏，无缺失。

（2）在“d:\Program Files\Microsoft Visual Studio 8\VC\Include\”目录下建立 SDL 文件夹，以便于存储 SDL 库的头文件。

（3）将 SDL 解压缩文件夹中的 include 文件夹下的所有“.h”文件拷贝到“d:\Program Files\Microsoft Visual Studio 8\VC\Include\SDL\”目录下。

（4）将 SDL 解压缩文件夹中的 lib 文件夹下的所有“.lib”文件拷贝到“d:\Program Files\Microsoft Visual Studio 8\VC \Lib\”目录下。

（5）将 SDL 中 lib 文件夹下的“SDL.dll”文件拷贝到“C:\WINDOWS\system32\”目录下。如果不这么做，那么必须将“SDL.dll”文件拷贝到每个新建的工程下。

步骤 3：打开 VS 2005，建立本次实验的实验项目 demo12_1，并新建一个源文件“demo12_1.c”，在“demo12_1.c”文件中输入以下代码。

```
/*源文件: demo12_1.c*/
#include <stdio.h>
#include <stdlib.h>
#include <SDL\SDL.h>

/*游戏屏幕宽度、高度、像素*/
#define screen_width 640
#define screen_height 450
#define screen_bpp 32

/*SDL 全局变量的定义*/
SDL_Surface *message = NULL;
SDL_Surface *background = NULL;             /*游戏背景*/
SDL_Surface *screen = NULL;                 /*游戏屏幕*/

/*加载图片函数*/
SDL_Surface *load_image(char *filename)
{
    SDL_Surface *loadedImage = NULL;        /*临时存储被载入的图像*/
    SDL_Surface *optimizedImage = NULL;     /*优化后的图像*/

    loadedImage = SDL_LoadBMP(filename);    /*载入图像*/

    if (loadedImage != NULL)                /*如果载入图像的过程中没有出现错误*/
    {
        /*创建一个优化后的图像*/
        optimizedImage = SDL_DisplayFormat(loadedImage);
        /*释放旧的图像*/
        SDL_FreeSurface(loadedImage);
    }
```

```
    return optimizedImage;      /*返回优化后的图像*/
}

/*应用背景到屏幕上*/
void apply_surface(int x, int y, SDL_Surface * source, SDL_Surface * destination)
{
    SDL_Rect offset;        /*创建一个临时矩形来保存偏移*/

    /*将偏移赋值给这个矩形*/
    offset.x = x; offset.y = y;

    /*块移指定表面*/
    SDL_BlitSurface(source, NULL, destination, &offset);
}

int main()
{
    /*初始化 SDL*/
    if (SDL_Init(SDL_INIT_EVERYTHING) == -1) return -1;

    /*启动屏幕*/
    screen = SDL_SetVideoMode(screen_width, screen_height,
             screen_bpp, SDL_SWSURFACE);
    if (screen == NULL) return -1;
    SDL_WM_SetCaption("TestSDL", NULL);        /*设定屏幕标题*/

    /*载入图像*/
    message = load_image("test.bmp");
    background = load_image("background.bmp");

    /*应用背景到屏幕上*/
    apply_surface(0, 0, background, screen);
    apply_surface(screen_width / 2, screen_height / 2, message, screen);


    if (SDL_Flip(screen) == -1)    return 1;    /*更新屏幕*/

    /*释放表面*/
    SDL_FreeSurface(message);
    SDL_FreeSurface(background);

    SDL_Delay(2000);                            /*等待 2 秒*/
```

```
    SDL_Quit();                                /*退出 SDL*/

    system("PAUSE");
    return 0;
}
```

步骤 4：编译、链接、运行上述程序，会产生链接时错误，错误原因是找不到 SDL 函数库。

步骤 5：在项目 domo12_1 中，按下快捷键 Alt + F7，在弹出的项目属性对话框中，按照图 12-2 所示进行设置。

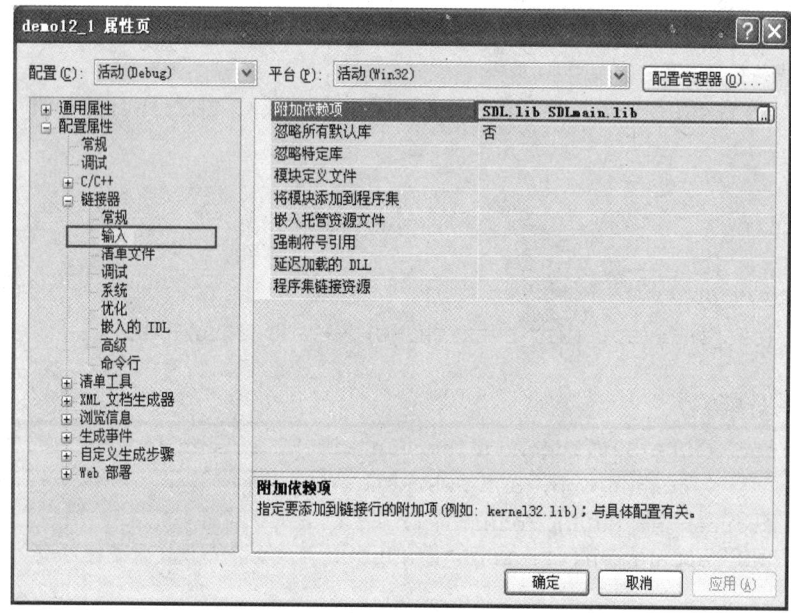

图 12-2　SDL 环境配置项

步骤 6：重新编译、链接、运行程序“demo12_1.c”，观察实验结果。

3．实验结果/结论

（1）实验结果

✓　略。

（2）实验结论

✓　在使用 SDL 之前，必须先配置好 SDL 环境。

12.2　项目实战：空当接龙

12.2.1　需求说明

（1）整体说明

空当接龙是一款 Windows XP 自带的小游戏，游戏要求把一副打乱的牌，按照花色和大小顺序，对牌进行整理。同时游戏提供一个缓冲区（即中转单元），用来帮助进行整理，在移牌时，必须遵守一定规则。

软件应该提供图形化用户界面，运行效果如图 12-3 所示。

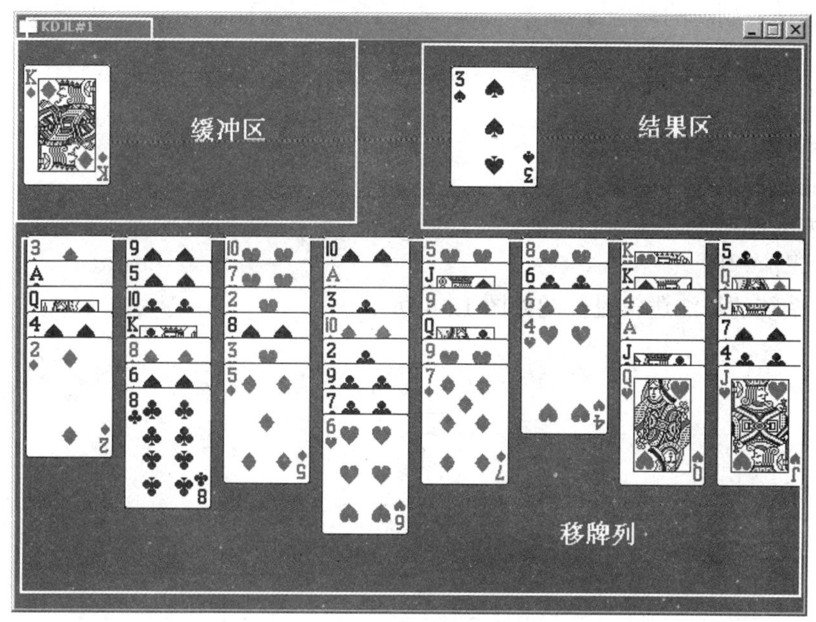

图 12-3 “空当接龙”游戏布局分析

（2）具体需求

① 基本功能

✓ 在游戏规则范围内，游戏应该能进行；
✓ 游戏中玩家可以自动选局；
✓ 游戏中玩家可以撤销上一步操作；
✓ 游戏中玩家可以选择退出游戏；
✓ 软件可以统计玩家的游戏战况，同时可以清除游戏战况统计；
✓ 游戏有必要的选项，供玩家对游戏模式进行选择。

② 游戏规则

✓ 在游戏主界面左上方，有 4 个缓冲区，作为中转单元；右上方有 4 个结果区；
✓ 牌的移动可以为：移出列到缓冲区、移出列到结果区、缓冲区到移出列、移出列到移出列；
✓ 移出列到缓冲区移牌的条件是：可用缓冲区数目≥1；
✓ 移出列到结果区移牌的规则是：移出列的牌和结果区的牌大小差 1、花色相同；
✓ 缓冲区到移出列移牌的规则是：缓冲区的牌和移出列的牌大小差 1、花色相反；
✓ 移出列 i 到移出列 j 移牌的规则是：移出列 i 的牌和移出列 j 的牌大小差 1、花色相反；
✓ 移出列 i 到移出列 j 移 n 张牌的规则是：移出列 i 要移的 n 张牌必须花色间隔、大小差 1，且可用缓冲区数目≥n−1。

12.2.2 内核子系统

（1）功能描述

① 初始化一副牌的功能；

② 显示一副牌的功能；

③ 列到列移牌的功能；

④ 列到结果区移牌的功能；

⑤ 列到缓冲区移牌的功能；

⑤ 缓冲区到结果区移牌的功能。

（2）逻辑流程图

内核子系统的算法逻辑流程图如图 12-4 所示。

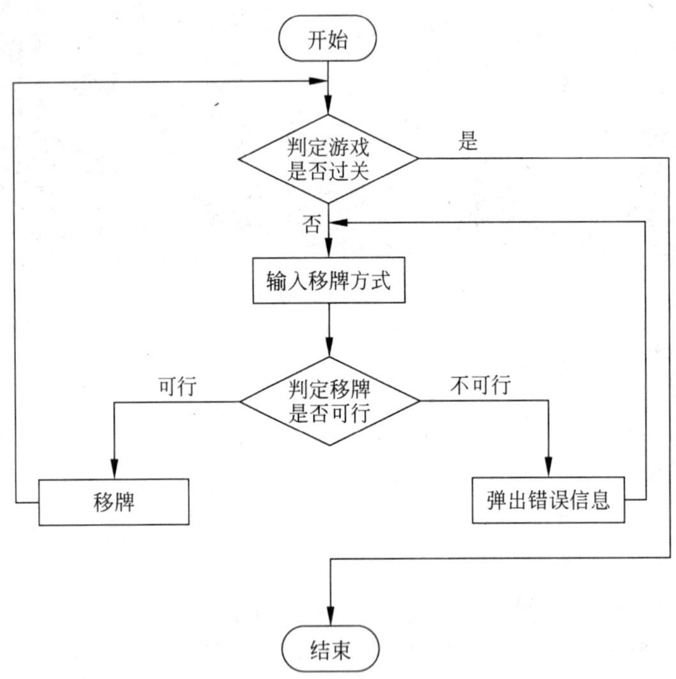

图 12-4 “空当接龙”游戏内核子系统算法逻辑流程图

12.2.3 SDL 子系统

（1）总体构架

总体构架如图 12-5 所示。

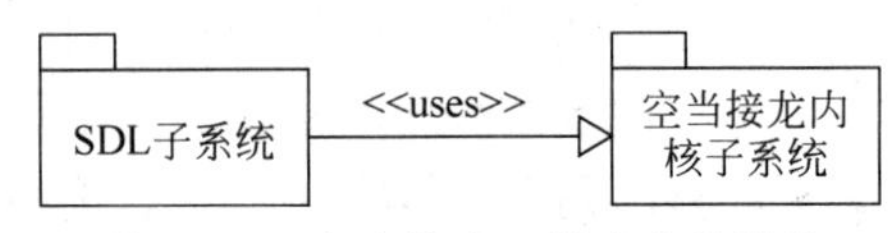

图 12-5 “空当接龙”游戏总体结构

（2）功能描述

① 实现图形界面的显示；

② 处理用户的输入/输出（鼠标操作）；

③ 实现用户选局的功能；

④ 根据用户的操作请求，调用内核子系统；

⑤ 根据内核子系统的返回信息，给予用户适当的反馈。正确反馈就执行用户操作，错误反馈，提示用户操作失败；

⑥ 实现退出 SDL 子系统的功能。

（3）逻辑流程图

SDL 子系统的算法逻辑流程图如图 12-6 所示。

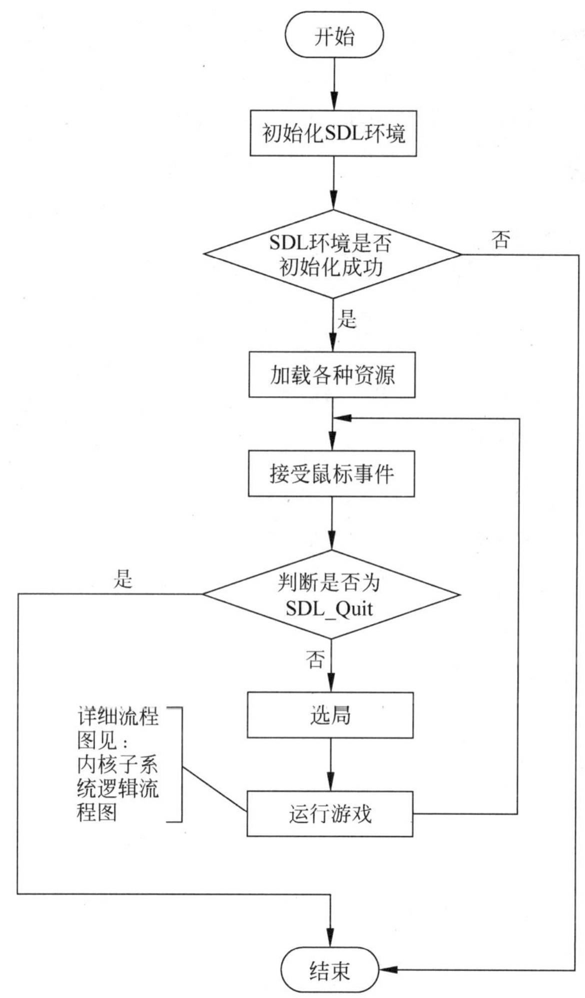

图 12-6 “空当接龙”游戏 SDL 子系统算法逻辑流程图

12.2.4 程序的文件架构

（1）头文件 bool.h

声明在程序中用到的 bool 变量。

（2）头文件 SDL_Function.h

声明程序中用到的 SDL 变量和 SDL 函数。

（3）源文件 SDL_Function.c

定义和实现“SDL_Function.h”文件中的 SDL 函数。

（4）头文件 Card.h

声明一张牌和一副牌的结构，以及移牌列、缓冲区、结果区的结构；声明移牌操作的一系列函数。

（5）源文件 Card.c

定义和实现“Card.h”文件中的移牌操作函数。

（6）源文件 main.c

程序入口，处理用户鼠标消息和 SDL 事件驱动模块。

12.2.5 代码编写

（1）头文件 bool.h

```
/*头文件: bool.h*/

/*
 * Copyright (c) 2009, 河北师范大学软件学院
 * All rights reserved.
 *
 * 文件名称: bool.h
 * 摘    要: 声明在程序中用到的 bool 变量
 *
 * 当前版本: 1.0
 * 作    者: Wenbin Li
 * 完成日期: 2009-12-20
 */

#ifndef _bool_H_        /*条件编译*/
#define _bool_H_

#define bool int        /*bool 类型变量*/
#define true 1          /*逻辑值"真"*/
#define false 0         /*逻辑值"假"*/

#endif _bool_H_
```

（2）头文件 SDL_Function.h

```
/*头文件: SDL_Function.h*/

/*
 * Copyright (c) 2009, 河北师范大学软件学院
 * All rights reserved.
 *
 * 文件名称: SDL_Function.h
```

```
 * 摘    要: 声明程序中用到的SDL变量和SDL函数。
 *
 * 当前版本: 1.0
 * 作    者: Wenbin Li
 * 完成日期: 2009-12-20
 */

#ifndef _SDL_Function_H_                              /*条件编译*/
#define _SDL_Function_H_

/*包含的头文件*/
#include "SDL\SDL.h"
#include "SDL\SDL_image.h"
#include "bool.h"

/*游戏屏幕宽度、高度、像素*/
#define screen_width 640
#define screen_height 480
#define screen_bpp 32

/*SDL全局变量的声明*/
extern SDL_Surface *background;                      /*游戏背景*/
extern SDL_Surface *puker;                           /*游戏牌图片*/
extern SDL_Surface *screen;                          /*游戏屏幕*/
extern SDL_Event event;                              /*游戏事件结构体*/

/*SDL基本函数*/
/*显示图片函数*/
void showImage(SDL_Surface *, SDL_Surface *, short, short, short, short);
SDL_Surface *load_image(char *filename);             /*加载图片函数*/
bool Init_SDL(int);                                  /*初始化SDL*/

#endif _SDL_Function_H_
```

(3) 源文件 SDL_Function.c

```
/*源文件: SDL_Function.c*/

/*
 * Copyright (c) 2009, 河北师范大学软件学院
 * All rights reserved.
 *
 * 文件名称: SDL_Function.c
 * 摘    要: 定义和实现SDL_Function.h文件中的SDL函数。
 *
 * 当前版本: 1.0
```

```
 * 作    者: Wenbin Li
 * 完成日期: 2009-12-20
 */

#include <stdio.h>
#include <stdlib.h>
#include "SDL_Function.h"

/*SDL 基本函数原型*/

/*=====================================================
*函 数 名: load_image
*功    能: 加载一个图片到 SDL_Surface 变量
*输入参数:
*        filename: 待加载的图片文件名
*返 回 值: 所加载的图片所对应的 SDL_Surface 变量名
*=====================================================*/

SDL_Surface *load_image(char *filename)
{
    SDL_Surface *loadedImage = NULL;
    SDL_Surface *optimizedImage = NULL;
    loadedImage = IMG_Load(filename);

    if (loadedImage)
    {
        optimizedImage = SDL_DisplayFormat(loadedImage);
        SDL_FreeSurface(loadedImage);
        if (optimizedImage)
        {
            SDL_SetColorKey(optimizedImage, SDL_SRCCOLORKEY,
                            SDL_MapRGB(optimizedImage->format, 0, 0xFF, 0xFF));
        } /*if*/
    } /*if*/
    return optimizedImage;
}

/*=====================================================
*函 数 名: showImage
*功    能: 显示一张图片
*输入参数:
*        source: 待显示的图片
*        destination: 在哪里显示图片
*        (x, y): 图片显示左上角的 x 坐标、y 坐标
*        (ws, hs): 图片的显示宽度、高度
```

```
*返 回 值: 无
*=====================================================*/

void showImage(SDL_Surface *source, SDL_Surface *destination, short x,
               short y, short ws, short hs)
{
    SDL_Rect offset;                                    /*定义矩形*/
    offset.x = x;                                       /*矩形左上顶点的 x 坐标*/
    offset.y = y;                                       /*矩形左上顶点的 y 坐标*/
    offset.w = (ws == 0) ? source->w : ws;              /*矩形的宽*/
    offset.h = (hs == 0) ? source->h : hs;              /*矩形的高*/

    SDL_BlitSurface(source, NULL, destination, &offset);
}

/*=====================================================
*函 数 名: Init_SDL
*功    能: 初始化 SDL
*输入参数:
*         JUSHU: 用户选择的游戏局数
*返 回 值: bool: 初始化是否成功
*=====================================================*/

bool Init_SDL(int JUSHU)
{   /*初始化 SDL*/
   char tmpname[20] = "KDJL#";                         /*屏幕标题字符串*/
   char tmp[13];

   itoa(JUSHU, tmp, 10);
   strcat(tmpname, tmp);
   if (SDL_Init(SDL_INIT_EVERYTHING) == -1)     /*初始化 SDL 子系统*/
      return false;
   /*设定游戏屏幕*/
   screen = SDL_SetVideoMode(screen_width, screen_height,
                             screen_bpp, SDL_SWSURFACE);
   if (screen == NULL)                                 /*判断屏幕是否存在*/
      return false;
   SDL_WM_SetCaption(tmpname, NULL);                   /*设置游戏屏幕标题*/

   return true;
}
```

(4) 头文件 Card.h

```
/*头文件: Card.h*/
```

```
/*
 * Copyright (c) 2009, 河北师范大学软件学院
 * All rights reserved.
 *
 * 文件名称: Card.h
 * 摘    要: 声明一张牌和一副牌的结构,以及移牌列、缓冲区、结果区的结构;
 *           声明移牌操作的一系列函数。
 *
 * 当前版本: 1.0
 * 作    者: Wenbin Li
 * 完成日期: 2009-12-20
 */

#ifndef _Card_H_                    /*条件编译*/
#define _Card_H_

#include "bool.h"                   /*包含 bool、true、false 等的宏定义*/
#include "SDL_Function.h"

/*牌的常量定义*/
#define  ONECARDPATTERN 4           /*一张牌有种花色*/
#define ONECARDNUMBER 13            /*一张牌有种数值*/
#define CARDNUMBER 52               /*一副牌的张数*/
#define COLNUMBER 8                 /*8 个待移牌列*/
#define BUFFERNUMBER 5              /*4 个缓冲区*/
#define RESULTNUMBER 4              /*4 个结果区*/
#define MAXCOLNUM 14                /*每一列牌最大存储容量*/

/*输出牌时屏幕用到的常量定义*/
#define CARD_WIDTH 70               /*一张牌图片的宽度*/
#define CARD_HEIGHT 95              /*一张牌图片的高度*/
#define XBASE_BUFFER 5              /*缓冲区的 X 边距*/
#define YBASE_BUFFER 20             /*缓冲区的 Y 边距*/
#define XBASE_COL 8                 /*移出列的 X 边距*/
#define YBASE_COL 155               /*移出列的 Y 边距*/
#define XDISTANCE 10                /*牌之间的 X 坐标距离*/
#define YDISTANCE 20                /*牌之间的 Y 坐标距离*/

/*定义一张牌的存储结构*/
typedef struct Card{
    int card_pattern;               /*一张牌的花色,1~4 分别代表黑、红、梅、方*/
    int card_num;                   /*一张牌的大小,1~13 分别代表 A、…、J、Q、K*/
}Card;

/*声明一副牌 Cards 全局变量*/
```

```
extern Card card[CARDNUMBER];        /*从 0 号单元开始存放牌*/
/*声明空当接龙游戏界面所需牌的结构*/
/*COLNUMBER 列存放随机打乱的牌,0 号单元存放当前牌的张数*/
extern int scard_col[COLNUMBER][MAXCOLNUM];
/* RESULTNUMBER 列结果区牌,-1 表示当前结果区无牌*/
extern int scard_res[RESULTNUMBER];
/*缓冲区,scard_buf[BUFFERNUMBER]表示当前缓冲区可用个数*/
extern int scard_buf[BUFFERNUMBER];

/*牌的操作函数*/
void InitCards();                     /*初始化一副牌为标准形式*/
void SwapCards(int x, int y);         /*交换两张牌*/
void RandCards(int);                  /*洗牌,即打乱一副标准牌*/
/*判断两张牌是否花色相同,大小差 1(card1>card2)*/
bool IsCardsSame(Card card1, Card card2);
/*判断两张牌是否花色相反,大小差 1(card1<card2)*/
bool IsCardsDiffer(Card card1, Card card2);

/*移牌列的基本操作函数*/
void InitScard_Col();                 /*初始化列*/
void DisplayCol();                    /*输出列*/
bool CardCol2Col(int i, int j);       /*列 to 列移牌*/
bool CardCol2Res(int i, int j);       /*列 to 结果区移牌*/
bool CardCol2Buf(int i, int j);       /*列 to 缓冲区移牌*/
bool CardBuf2Col(int i, int j);       /*缓冲区 to 列移牌*/
void CardCol2Res_Sametime();          /*当列向其他位置移牌时,同时列向结果区移牌*/

/*缓冲区的操作*/
void CardBuf2Res_Sametime();          /*列到结果区移牌时,同时缓冲区到结果区移牌*/

/*输出当前屏幕的牌*/
void ShowScard_Buffer();              /*显示缓冲区的牌*/
void ShowScard_Res();                 /*显示结果区的牌*/
void ShowScard_Col();                 /*显示移牌区的牌*/

#endif _Card_H_
```

(5)源文件 Card.c

```
/*源文件: Card.c*/

/*
 * Copyright (c) 2009, 河北师范大学软件学院
 * All rights reserved.
 *
 * 文件名称: Card.c
```

```
 * 摘    要: 定义和实现Card.h文件中的移牌操作函数。
 *
 * 当前版本: 1.0
 * 作    者: Wenbin Li
 * 完成日期: 2009-12-20
 */

#include <stdio.h>
#include <stdlib.h>
#include <time.h>
#include <string.h>
#include "Card.h"
#include "SDL_Function.h"

/*牌的操作函数*/

/*=====================================================
*函 数 名: InitCards
*功    能: 初始化一副牌为标准形式card[0]-card[CARDNUMBER]分别
*          表示黑1～黑K、红1～红K、梅1～梅K、方1～方K
*输入参数: 无
*返 回 值: 无
*=====================================================*/

void InitCards()
{
    int i, j;
    for(i = 0; i < ONECARDPATTERN; ++i)
    {
        for(j = 0; j < ONECARDNUMBER; ++j)
        {
            card[13*i+j].card_num = j + 1;
            card[13*i+j].card_pattern = i + 1;
        }
    }
}

/*=====================================================
*函 数 名: SwapCards
*功    能: 交换两张牌
*输入参数:
*          (x, y): 待交换的两张牌的下标
*返 回 值: 无
*=====================================================*/
```

```
void SwapCards(int x, int y)
{
    Card tmp;
    tmp = card[x]; card[x] = card[y]; card[y] = tmp;
}

/*=====================================================
*函 数 名: RandCards
*功    能: 洗牌,即打乱一副标准牌
*输入参数:
*          JUSHU: 按照用户输入的局数进行洗牌
*返 回 值: 无
*=====================================================*/

void RandCards(int JUSHU)
{
   int i, j;
   srand(JUSHU);                          /*产生一个随机时间种子*/
   for(i = 0; i < CARDNUMBER; ++i)        /*将所有牌依次与随机选出的一张牌交换*/
   {
      j = rand() % CARDNUMBER;
      SwapCards(i, j);
   }
}

/*=====================================================
*函 数 名: IsCardsSame
*功    能: 判断两张牌是否花色相同,大小差1(card1 > card2)
*输入参数:
*          card1: 第一张牌
*          card2: 第二张牌
*返 回 值: bool
*          true: card1 与 card2 满足相应关系
*          false: card1 与 card2 不满足相应关系
*=====================================================*/

bool IsCardsSame(Card card1, Card card2)
{
    if (card2.card_num == 0 && card1.card_num == 1) return true;

    if ((card1.card_pattern == card2.card_pattern) && (card1.card_num ==
card2.card_num + 1))
        return true;

        return false;
}
```

```
/*=====================================================
*函 数 名: IsCardsDiffer
*功    能: 判断两张牌是否花色相反,大小差 1(card1 < card2)
*输入参数:
*          card1: 第一张牌
*          card2: 第二张牌
*返 回 值: bool
*          true: card1 与 card2 满足相应关系
*          false: card1 与 card2 不满足相应关系
*=====================================================*/

bool IsCardsDiffer(Card card1, Card card2)
{
    int x, y;
    /*x,y == 1 表示花色为黑或梅,x,y == 0 表示花色为红或方*/
    x = card1.card_pattern % 2;
    y = card2.card_pattern % 2;

    if((x != y) && (card1.card_num == (card2.card_num - 1)))
        return true;

    return false;
}

/*列的基本操作函数*/

/*=====================================================
*函 数 名: InitScard_Col
*功    能: 初始化移牌列的牌
*输入参数: 无
*返 回 值: 无
*=====================================================*/

void InitScard_Col()
{
    int i = 0, j = 0, k = 1;

    for (i = 0; i < COLNUMBER; ++i)
        scard_col[i][0] = 0;                 /*初始化当前每列牌数为 0*/

    j = 0;                                   /*j 归 0*/
    for(i = 0; i < CARDNUMBER; ++i)
    {
        scard_col[j][k] = i;             /*把第 i 张牌压入数组 scard_col[j]中*/
```

```
        ++scard_col[j][0];
        /*若 j == COLNUMBER,即列中各有一张牌,则从第 1 列重新开始压入元素*/
        if (++j >= COLNUMBER)
        {
            j = 0;
            ++k;                                /*存入每一列的下一个位置*/
        } /*if*/
    } /*for*/
}

/*=====================================================
*函 数 名: CardCol2Col
*功    能: 列 to 列移牌,一次可以移动 n 张(<=4)
*输入参数:
*          i: 移出列
*          j: 移入列
*返 回 值: bool
*          true: 移牌成功
*          false: 移牌失败
*=====================================================*/

bool CardCol2Col(int i, int j)
{
    int e1, e2;     /*两个临时变量,用来比较两张牌*/

    int n, sign = 1, tail_i = 0, tail_j = 0;/*sign 表示移动 sign 张牌*/

    for (n = 1; n <= BUFFERNUMBER - 1; ++n) /*一次最多能移 BUFFERNUMBER-1 张牌*/
    {
        sign = 1;
        if (n == 1)
        {
            /*e1、e2 为第 i 列和第 j 列的最后一张牌*/
            tail_i = scard_col[i][0];        /*当前第 i 列的牌个数*/
            e1 = scard_col[i][tail_i];
            tail_j = scard_col[j][0];        /*当前第 i 列的牌个数*/
            e2 = scard_col[j][tail_j];

            /*满足移牌规则或第 j 列当前无牌*/
            if (IsCardsDiffer(card[e1], card[e2]) || scard_col[j][0] == 0)
            {
                ++scard_col[j][0];        /*第 j 列牌数加*/
                tail_i = scard_col[i][0]; tail_j = scard_col[j][0];
                scard_col[j][tail_j] = scard_col[i][tail_i]; /*移牌*/
```

```
            --scard_col[i][0];          /*第 i 列牌数减*/
            CardCol2Res_Sametime();    /*列向列移牌同时,列向结果区移牌*/
            CardBuf2Res_Sametime();    /*列向列移牌同时,缓冲区向结果区移牌*/
            return true;
        }
    } /*if*/

    sign = 1;
    if ( n > 1 )
    {
        tail_i = scard_col[i][0];
        /*判断移出列这 n 张牌是否花色相反、大小差 1*/
        while (sign < n)
        {
            /*e1、e2 为当前待移列的最后两张牌*/
            e1 = scard_col[i][tail_i]; e2 = scard_col[i][tail_i-1];
            if (IsCardsDiffer(card[e1], card[e2]))
            {
                --tail_i;    /*tail_i 标记减 1,即表示当前 tail_i 前移一位*/
            }
            ++sign;          /*标识加 1*/
        } /*while*/

        /*满足移牌规则或移入列为空*/
        if (sign == scard_col[i][0] - tail_i + 1 &&
            scard_buf[BUFFERNUMBER - 1] >= sign - 1)
        {
            tail_j = scard_col[j][0];  /*tail_j 指向第 j 列最后一张牌的位置*/
            /*第 i 列的牌和第 j 列的最后一张牌满足移牌规则*/
            if ((IsCardsDiffer(card[scard_col[i][tail_i]],
                               card[scard_col[j][tail_j]])))
            {
                /*第 i 列中把第 tail_i～第 scard_col[i][0]的牌移到第 j 列*/
                while (tail_i <= scard_col[i][0])
                {
                    scard_col[j][++tail_j] = scard_col[i][tail_i++];
                } /*while*/
                scard_col[i][0] -= sign;
                scard_col[j][0] += sign;
                CardCol2Res_Sametime(); /*列向列移牌同时,列向结果区移牌*/
                CardBuf2Res_Sametime();    /*列向列移牌同时,缓冲区向结果区移牌*/
                return true;
            } /*if*/
        } /*if*/
    } /*if*/
```

```
    } /*for*/

    return false;
}

/*=========================================================
*函 数 名: CardCol2Res
*功    能: 列 to 结果区移牌,一次移动一张
*输入参数:
*          i: 移出列
*          j: 移入结果区所在位置
*返 回 值: bool
*          true: 移牌成功
*          false: 移牌失败
*=========================================================*/

bool CardCol2Res(int i, int j)
{
    /*第 j 个结果区无牌,或满足移牌规则*/
    if ((scard_res[j] == -1 && card[scard_col[i][scard_col[i][0]]].card_num ==
1) || IsCardsSame(card[scard_col[i][scard_col[i][0]]], card[scard_res[j]]))
    {
        scard_res[j] = scard_col[i][scard_col[i][0]--];
        CardCol2Res_Sametime();     /*列向结果区移牌同时,列向结果区移牌*/
        CardBuf2Res_Sametime();     /*列向结果区移牌同时,缓冲区向结果区移牌*/
        return true;
    }

    return false;
}

/*=========================================================
*函 数 名: CardCol2Buf
*功    能: 列 to 缓冲区移牌,一次移动一张
*输入参数:
*          i: 移出列
*          j: 移入缓冲区所在位置
*返 回 值: bool
*          true: 移牌成功
*          false: 移牌失败
*=========================================================*/

bool CardCol2Buf(int i, int j)
{
    int tail_i = scard_col[i][0];  /*指向第 i 列的最后一张牌*/
```

```
    if(scard_buf[j] == -1)          /*当前缓冲区无牌,即可以移入*/
    {
        scard_buf[j] = scard_col[i][tail_i];
        ++scard_buf[4];             /*当前缓冲区牌总数加*/
        --scard_col[i][0];          /*第 i 列牌的总数减*/

        CardCol2Res_Sametime();     /*列向缓冲区移牌同时,列向结果区移牌*/
        CardBuf2Res_Sametime();     /*列向缓冲区移牌同时,缓冲区向结果区移牌*/
        return true;
    }

    return false;
}

/*=====================================================
*函 数 名: CardBuf2Col
*功    能: 缓冲区 to 列移牌,一次移动一张
*输入参数:
*          i: 移出缓冲区所在位置
*          j: 移入列
*返 回 值: bool
*          true: 移牌成功
*          false: 移牌失败
*=====================================================*/

bool CardBuf2Col(int i, int j)
{
    /*当前缓冲区有牌,且满足移牌规则或当前列无牌*/
    if (scard_buf[i] != -1 && (IsCardsDiffer(card[scard_buf[i]], card[scard_
col[j][scard_col[j][0]]]) || scard_col[j][0] == 0))
    {
        scard_col[j][++scard_col[j][0]] = scard_buf[i];
        scard_buf[i] = -1;          /*当前缓冲区标识修改为-1*/
        --scard_buf[4];             /*缓冲区牌的总数减*/
        return true;
    }

    return false;
}

/*=====================================================
*函 数 名: CardCol2Res_Sametime
*功    能: 列向其他位置移牌时,同时列向结果区移牌
*输入参数: 无
*返 回 值: 无
*=====================================================*/
```

```
void CardCol2Res_Sametime()
{
    int i, j, k;
    for (k = 1; k <= MAXCOLNUM - 1; ++k) /*循环,每列牌最多有MAXCOLNUM-1张*/
    {
        for (i = 0; i < COLNUMBER; ++i)          /*COLNUMBER列*/
        {
            for (j = 0; j < RESULTNUMBER; ++j) /* RESULTNUMBER结果区*/
            {
                CardCol2Res(i, j);
            } /*for*/
        } /*for*/
    } /*for*/
}


/*缓冲区的操作*/

/*=====================================================
*函 数 名: CardBuf2Res_Sametime
*功    能: 列向其他位置移牌时,同时缓冲区到结果区移牌
*输入参数: 无
*返 回 值: 无
*=====================================================*/

void CardBuf2Res_Sametime()
{
    int i, j;
    for (i = 0; i < BUFFERNUMBER-1; ++i)    /* BUFFERNUMBER-1个缓冲区*/
    {
        if (scard_buf[i] == -1) continue;       /*当前缓冲区无牌*/

        for (j = 0; j < RESULTNUMBER; ++j)      /* RESULTNUMBER个结果区*/
        {
            if (IsCardsSame(card[scard_buf[i]], card[scard_res[j]]))
            {
                scard_res[j] = scard_buf[i];
                scard_buf[i] = -1;
                --scard_buf[4];
            } /*if*/
        } /*for*/
    } /*for*/
}
```

```
/*输出当前屏幕的牌*/

/*========================================================
*函 数 名: ShowScard_Buffer
*功    能: 显示缓冲区的牌
*输入参数: 无
*返 回 值: 无
*========================================================*/

void ShowScard_Buffer()
{
    char filename[20];          /*图片名*/
    int i, cur;                 /*控制循环、当前缓冲区牌在card数组中的下标*/
    for (i = 0; i < BUFFERNUMBER - 1; ++i)  /* BUFFERNUMBER-1个缓冲区*/
    {
        if (scard_buf[i] != -1)          /*当前缓冲区有牌*/
        {
            cur = (card[scard_buf[i]].card_pattern - 1) * ONECARDNUMBER +
                    card[scard_buf[i]].card_num;
            itoa(cur, filename, 10);     /*把cur转化成filename中的一个字符串*/
            strcat(filename, ".bmp");
            poker = load_image(filename);
          showImage(puker, screen, i * CARD_WIDTH + XBASE_BUFFER, YBASE_ BUFFER,
CARD_WIDTH, CARD_HEIGHT);  /*显示当前牌*/
        } /*if*/
    } /*for*/

    poker = NULL;
}

/*========================================================
*函 数 名: ShowScard_Res
*功    能: 显示结果区的牌
*输入参数: 无
*返 回 值: 无
*========================================================*/

void ShowScard_Res()
{
    char filename[20];              /*图片名*/
    int i, cur;                     /*控制循环、当前结果区牌在card数组中的下标*/
    for (i = 0; i < RESULTNUMBER; ++i)      /* RESULTNUMBER个结果区*/
    {
```

```
        if (scard_res[i] != -1)     /*当前结果区有牌*/
        {
            cur = (card[scard_res[i]].card_pattern - 1) * ONECARDNUMBER +
                    card[scard_res[i]].card_num;
            itoa(cur, filename, 10);    /*把 cur 转化成 filename 中的一个字符串*/
            strcat(filename, ".bmp");
            poker = load_image(filename);
            showImage(poker, screen, i * CARD_WIDTH + BUFFERNUMBER * CARD_
WIDTH, YBASE_BUFFER, CARD_WIDTH, CARD_HEIGHT);  /*显示当前牌*/
        } /*if*/
    } /*for*/

    poker = NULL;
}

/*================================================
*函 数 名: ShowScard_Col
*功    能: 显示移牌区的牌
*输入参数: 无
*返 回 值: 无
*================================================*/

void ShowScard_Col()
{
    char filename[20];                      /*图片名*/
    int i=1, j=0, k = 0, cur;               /*i 控制行、j 控制列*/
    int count = 0;                          /*当前已经输出牌的张数*/
    int total = 0;                          /*当前列区共有牌的张数*/

    for (k = 0; k < COLNUMBER; ++k)
        total += scard_col[k][0];

    while (j < COLNUMBER)                   /*COLNUMBER 列*/
    {
        if (i <= scard_col[j][0])           /*当前位置有牌*/
        {
            cur = (card[scard_col[j][i]].card_pattern - 1) * ONECARDNUMBER +
                    card[scard_col[j][i]].card_num;
            itoa(cur, filename, 10);        /*把 cur 转化成 filename 中的一个字符串*/
            strcat(filename, ".bmp");
            poker = load_image(filename);
             /*显示当前牌*/
             showImage(poker, screen, j * (XDISTANCE + CARD_WIDTH) + XBASE_COL,
                    (i-1) * YDISTANCE + YBASE_COL, CARD_WIDTH, CARD_HEIGHT);
              SDL_FreeSurface(poker);
```

```
                ++count;                        /*输出一张牌,计数器加*/
            } /*if*/

            if (++j == COLNUMBER)               /*已经输出一行*/
            {
                j = 0; ++i;
            }

            if (count == total) break;          /*当前列区牌已经全部输完,循环结束*/
        } /*while*/
    }
```

（6）源文件 main.c

```
/*源文件: main.c*/

/*
 * Copyright (c) 2009, 河北师范大学软件学院
 * All rights reserved.
 *
 * 文件名称: main.c
 * 摘    要: 程序入口,处理用户鼠标消息和 SDL 事件驱动模块。
 *
 * 当前版本: 1.0
 * 作    者: Wenbin Li
 * 完成日期: 2009-12-20
 */

#include <stdio.h>
#include <stdlib.h>
#include <string.h>
#include <time.h>
#include "SDL_Function.h"
#include "Card.h"

/*SDL 全局变量*/
SDL_Surface *background = NULL;             /*游戏背景*/
SDL_Surface *poker = NULL;                  /*游戏牌图片*/
SDL_Surface *screen = NULL;                 /*游戏屏幕*/
SDL_Event event;                            /*游戏事件结构体*/

/*定义一副牌(全局变量)*/
Card card[CARDNUMBER];                      /*从 0 号单元开始存放牌*/
/*定义空当接龙游戏界面所需牌的结构*/
/*8 列存放随机打乱的牌,号单元存放当前牌的张数*/
int scard_col[COLNUMBER][MAXCOLNUM] = {0};
```

```
/*4 列存放结果牌,-1 表示当前无牌*/
int scard_res[RESULTNUMBER] = {-1, -1, -1, -1};
/*4 个缓冲区,若当前缓冲区没有牌,则其值为-1,buf[4]存储当前缓冲区已有牌数*/
int scard_buf[BUFFERNUMBER] = {-1, -1, -1, -1, 4};

/*==========================================================
*函 数 名: handle_events
*功    能: 判断鼠标单击位置所在区域
*输入参数:
*          (x, y): 鼠标单击处的坐标值
*返 回 值: int
*          k = -1,-2,…,-8 分别表示缓冲区 1～4,结果区 1～4;
*          k = 1,2,…,8 分别表示移牌列 1～8
*==========================================================*/

int handle_events(int x, int y)
{    /*判断鼠标单击位置函数*/
    int k;    /* k = -1,-2,…,-8 分别表示缓冲区 1～4,结果区 1～4;
                 k = 1,2,…,8 分别表示移牌列 1～8*/

    if (y > YBASE_COL)               /*YBASE_COL 以下为移牌区*/
        k = x / (CARD_WIDTH + XDISTANCE);
    else
    {
        if (y < YBASE_COL && y > YBASE_BUFFER)
        {
            k = x / CARD_WIDTH;
            if (++k >= XBASE_BUFFER)
                k -= 1;
            k = -k;
        } /*if*/
    }
    return k;
}

int main()
{
    int JUSHU;                        /*局数,产生随机种子,产生一副随机牌*/
    bool quit = false;                /*标识变量,以区别程序是否结束*/
    int first = 0, second = 0;        /*鼠标的两次单击区域所在位置*/
    int x = 0, y = 0;                 /*当前鼠标单击在屏幕上的坐标*/
    int frequency = 1;        /*记录当前鼠标已经单击次数*/
    int i, number = 0;        /*i 控制循环次数、number 记录当前牌中剩余的牌的张数*/

    printf("输入局数: ");
```

```
scanf("%d", &JUSHU);

/*洗牌*/
InitCards();
RandCards(JUSHU);

/*初始化牌列*/
InitScard_Col();

/*初始化 SDL*/
if (Init_SDL(JUSHU) == false) return -1;

/*事件响应*/
while ( quit == false )
{
    background = load_image("background.bmp"); /*加载背景图片*/
    /*输出背景图片*/
    showImage(background, screen, 0, 0, screen_width, screen_height);
    ShowScard_Buffer();                         /*显示当前屏幕上的牌*/
    ShowScard_Res();
    ShowScard_Col();
    if ((SDL_Flip(screen)) == -1)               /*刷新屏幕*/
        return -1;

    if (SDL_PollEvent(&event))                  /*判断当前事件类型*/
    {
        if (event.type == SDL_MOUSEBUTTONDOWN)  /*当前事件类型为鼠标事件*/
        {
            if (event.button.button == SDL_BUTTON_LEFT) /*当前鼠标按钮是左键*/
            {
                x = event.button.x;             /*鼠标单击处的 x 坐标*/
                y = event.button.y;             /*鼠标单击处的 y 坐标*/
                if (frequency % 2)              /*单击次数为奇数*/
                {
                    first = handle_events(x,y); /*第一次单击所在区域*/
                    ++frequency;
                }
                else                            /*单击次数为偶数*/
                {
                    second = handle_events(x,y); /*第二次单击所在区域*/
                    ++frequency;
                }

                if (frequency % 2 && frequency != 1)  /*已经单击了偶数次*/
                {
```

```
                    if (first >= 0 && first <= 7)    /*第一次单击在移牌区*/
                    {
                        if (second >= 0 && second <= 7) /*第二次单击在移牌区*/
                            CardCol2Col(first, second);
                        if (second >= -4 && second <= -1) /*第二次单击在缓冲区*/
                            CardCol2Buf(first, -second-1);
                        if (second >= -8 && second <= -5) /*第二次单击在结果区*/
                            CardCol2Res(first, -second-5);
                    }
                    if (first >= -4 && first <= -1)     /*第一次单击在缓冲区*/
                    {
                        if (second >= 0 && second <= 7)  /*第二次单击在移牌区*/
                            CardBuf2Col(-first-1, second);
                    }

                } /*if*/
            } /*if*/
        } /*if*/

        if (event.type == SDL_QUIT)
            quit = true;
    } /*if*/

    for (i = 0; i < COLNUMBER; ++i)          /*统计当前列中的牌的总张数*/
        number += scard_col[i][0];
    /*当前列中已经没有牌且缓冲区中也无牌*/
    if (number == 0 && scard_buf[BUFFERNUMBER - 1] == 0)
        quit = true;
} /*while*/

SDL_Quit ();                                    /*退出 SDL*/

system("PAUSE");
return 0;
}
```

习题答案

第1章 引 言

1.2.1 配对练习

（1）～（5） b c a e d

1.2.2 填空题

（1）宿主实现 独立实现 （2）源字符集 （3）行结束指示符
（4）编辑 编译 链接 运行 （5）编译 解释 （6）源字符集 执行字符集

1.2.3 判断正误

（1）～（6） T T F F T F

1.2.4 简答题答案提示：

（1）

① 了解C语言中的单词，及单词中的分类。

② 了解C语言的语法，让我们的语言可以被计算机接受。

③ C语言的简单应用。

④ C语言在实际生活中的高级应用。

（2）

① 标准代表着统一，对于统一的产品，总是容易被接受，利于普及。

② 标准只是一个规范，不同的实现可对标准根据不同的需求进行不同的体现和扩展，利于个性化和专业化。

（5）

① 在C语言中，源文件经过编译、链接生成可执行文件。

② 在VS 2005中，由编译器生成的C语言源文件扩展名是".c"，可执行文件扩展名是".exe"。

③ 通俗地讲，源文件是程序员可以看懂的文件，而可执行文件则是操作系统可以看懂的文件。

（6）

① 从含义上讲，源字符集指允许出现在源文件中的字符集合，执行字符集指允许出

现在目标代码文件中的字符集合。

② 从字符集合角度讲，执行字符集比元字符集多的字符有：警告、回退、回车、换行符。

（7）C 语言程序在翻译前，头文件内容会被展开到源文件中，然后再以源文件为单位进行翻译。

1.3 程序设计题

（1）见提示。

（2）见提示。

（3）

将“hello.c”文件修改为如下所示。

```
/*源文件: hello.c*/
#include <stdio.h>
void sayHello(void)
{
     printf("*******\n");
     printf(" *****\n");
     printf("  ***\n");
     printf("   *\n");
}
```

（4）

将“hello.c”文件修改为如下所示。

```
/*源文件: hello.c*/
#include <stdio.h>
#include <stdlib.h>

void sayHello(void)
{
     printf("   *\n");
     printf("  ***\n");
     printf(" *****\n");
     printf("*******\n");
     printf(" *****\n");
     printf("  ***\n");
     printf("   *\n");
}
```

（5）

将“hello.c”文件修改为如下所示。

```
/*源文件: hello.c*/
#include <stdio.h>
#include <stdlib.h>
```

```
void sayHello(void)
{
    printf("  *\n");
    printf(" ***\n");
    printf("*****\n");
    printf(" |  |\n");
    printf(" |  |\n");
}
```

（6）见提示。

第 2 章　构成 C 语言程序的单词

2.2.1 填空题

（1）空格　（2）double　num1　=　9　,　num2　=　16　;
（3）#　define　PI　=　3.14159　（4）语言标准　（5）编译　（6）源文件
（7）标识符　（8）{　}　（9）main　（10）main　（11）#include <stdio.h>

2.2.2 判断正误

（1）～（13）　T　T　T　F　F　T　F　F　F　F　F　F　F

2.2.3 简答题答案提示

（1）
① 分隔符：　# < > ( ) { } , ;
② 预处理单词：include
③ 头文件名：stdio.h stdlib.h
④ 关键词：int void for return
⑤ 标识符：main i sum printf system
⑥ 操作符：= <= +=
⑦ 字符串："%d\n"　"pause"
（3）
① 头文件：stdio.h string.h stdlib.h
② 关键词：int void char int for if break return
（4）利于阅读。给某个单词或某个函数添加注释，使程序阅读者能快速理解程序功能。
（5）不一定。若用户自定义的头文件没在“实现”规定的位置，则实现不能找到此头文件，程序也就不能正常运行。
（6）肯定能。“stdio.h”肯定存储在“实现”规定的位置。
（7）
① 关键点：在多个地方用同一个标识符表示同一个对象或函数。
② 将不同位置的目标文件或目标代码归并到同一个文件中。

（10）

① 第一个注释应该用段落标记/* */。

② “temp = num1;num1 = num2;num2 = temp;”少了分号。

2.3 程序设计题

（2）

```
#include <stdio.h>
#include <stdlib.h>

int main()
{
    printf("1\n");
    printf("1   1\n");
    printf("1   2   1\n");
    printf("1   3   3   1\n");
    printf("1   4   6   4   1\n");
    printf("1   5   10  10  5   1\n");

    system("PAUSE");
    return 0;
}
```

（5）

```
#include <stdio.h>
#include <stdlib.h>

int main()
{
    printf("1   2   3   4\n");
    printf("5   6   7   8\n");
    printf("9   10  11  12\n");
    printf("13  14  15  16\n");

    system("PAUSE");
    return 0;
}
```

第 3 章　从问题求解到程序设计

3.2.1 配对练习

（1）～（10）　c　b　i　e　k　j　v　s　u　r

（11）～（20） m a h n p w l q f g
（21）～（23） o t d

3.2.2 填空题

（1）整型 浮点型 字符型 （2）float.h limits.h （3）符号位 指数部分 尾数部分
（4）4 1 1 8 8 （5）4 2 2 （6）9 （7）16 （8）5.62E2 2.7E6
（9）0L （10）11111000

3.2.3 判断正误

（1）～（10） T F T T F T T F T F
（11）～（17） T T F F T F F

3.2.4 简答题答案提示

（2）步骤一：输入三边边长 a、b、c。
步骤二：定义变量 l、s，l 存储三角形周长，s 存储三角形的面积。
步骤三：计算周长 l 的值，l = a + b + c。
步骤四：计算面积 s = sqrt(l*(l-a)(l-b)(l-c))。
（5）有两个目的：节省空间或防止溢出。
（6）unsigned short int var;
（10）static fun-float quiyt default ifndef
（11）int x1 = 15, x2 = 152;
double const x3 = 36.8, x4 = 2e-5;

常量和变量均存储在内存存储单元中，变量的值可以改变，常量值一旦存储就不可以再改变。

（12）
① printf ("%-08.4f ",x);
② printf ("%08.4f ",x);
③ printf ("%-08.1f ",x);
④ printf ("%-08.2f",x);
⑤ printf ("%08.2f",x);
⑥ printf ("%+08.4f",x);
（13）scanf ("%d#%5d%*2d#%f#%f,%f#%c%c#", &a, &b, &x, &y, &z, &ch1, &ch2);

3.2.5 输出结果题

（1）

① `num1 = 3, num2 = 4, num3 = 5`
② `num1 = 12345, num2 = 23456, num3 = 34567`
③ `num1 = 0x14, num2 = 0x15, num3 = 0x1a`

（2）

① `num1 = 9.260000, num2 = 12.650000, num3 = 32.950000`
② `num1 = 9.260000, num2 = 1682.650000, num3 = 32.950000`

（3）

①
```
00012345
12345
+12345
12345
0x3039
```

②
```
123.45678000
123.4568
+123.45678
```

③
```
123.45678
000123.5
+123.46
```

④
```
123456
00001234
12345
```

（4）

① `00012345`
② `12345`

（5）

```
半径为100.000000的圆的周长是：628.318520
半径为100.000000的圆的面积是：31415.926000
```

3.3 程序设计题

（1）

```
#include <stdio.h>
#include <stdlib.h>

int main()
{
    printf("请输入一次方程的系数a和b(以逗号隔开)：\n");
    double a, b;
    scnaf("%f,%f", &a, &b);
```

```
    printf("一次方程 2x+6=0 的根是: x = %f\n", -b/a);
    system("PAUSE");
    return 0;
}
```

（2）

```
#include <stdio.h>
#include <stdlib.h>
#include <math.h>

#define PI 3.1415926

int main()
{
    printf("请输入一个角度值: \n");
    double x, y;
    scnaf("%f", &x);
    y = x/180*PI;

    printf("sin(%f) = %f\t cos(%f) = %f\t tan(%f) = %f\n",
           x, sin(y), x, cos(y), x, tan(y));

    system("PAUSE");
    return 0;
}
```

（3）

```
#include <stdio.h>
#include <stdlib.h>

int main()
{
    printf("\024\024\024\024\024\n");
    printf("\024\024\024\024\024\n");

    system("PAUSE");
    return 0;
}
```

（4）（略）

（5）

```
#include <stdio.h>
```

```
#include <stdlib.h>

int main()
{
    char a, b, c, d, e;
    printf("输入字符信息(5个字符): ");
    scnaf("%c%c%c%c%c", &a, &b, &c, &d, &e);

    printf("加密后字符信息: %c%c%c%c%c\n", a, b, c, d, e);

    system("PAUSE");
    return 0;
}
```

(6)

```
#include <stdio.h>
#include <stdlib.h>

int main()
{
    int number1, number2;
    double math1, computer1, math2, computer2;

    printf("请输入第一个学生的学号、数学成绩、计算机成绩(以逗号隔开): ");
    scnaf("%d%f%f", &number1, &math1, &computer1);
    printf("请输入第二个学生的学号、数学成绩、计算机成绩(以逗号隔开): ");
    scnaf("%d%f%f", &number2, &math2, &computer2);

    printf("第一个学生的学号: %d, 总成绩: %f\n", num1, math1+computer1);
    printf("第二个学生的学号: %d, 总成绩: %f\n", num2, math2+computer2);

    system("PAUSE");
    return 0;
}
```

第 4 章　运算符与表达式

4.2.1 配对练习

第一组：(1)～(10)	f	i	q	a	o	b	e	n	j	c
(11)～(18)	p	d	g	k	h	r	m	l		
第二组：(1)～(10)	b	f	j	h	c	a	e	d	g	i

4.2.2 填空题

（1）一元运算符　二元运算符　二元运算符　一元运算符　三元运算符
（2）x　5　=　（3）1　（4）4　3　4　4　（5）3　4　（6）31　32　31　31
（7）63　（8）8　（9）-5　（10）11　2　（11）6　60　（12）0　1　1　0
（13）1　（14）4　8　1　（15）2048　30　（16）86　95　9　1　1　（17）1
（18）12　（19）(a>10) && （a<15=　（20）long　（21）8.050000f　（22）double
（23）x%1000/100　x%100/10　x%10　（24）6.000000

4.2.3 判断正误

（1）～（14）　F　F　T　T　T　F　F　T　F　F　T　F　T　F

4.2.4 简答题答案提示

（1）若该表达式可以访问或改变对象的值，则为左值，否则为右值。
（2）一元操作符：!　～　++　--
　　三元操作符：？：
　　其余均为二元操作符
　　分类依据：操作符需要的操作数个数
（4）x = = 5　　5 = = x　3 != 5　++x　x++　x= x+y
（5）① 取出 x 的值。
　　② 取出 y 的值。
　　③ 计算 x+y 的值，即 11。
　　④ 计算 y = x+y 的值，即 y = 11。
（16）100

4.2.5 输出结果题

（1）
① 会产生编译错误，原因："(z = x) + = y;"赋值号左侧必须为左值
② 55　19　703
③ 56　19　0

（2）

① `a = 2147483647, b = -2147483648`

② `a = 2147483647, b = -2147483648`

③ `a = 0, b = -1`

④ `a = -2147483648, b = 2147483647`

(3)

①
```
A        65      a       97

B        66      b       98
```

②
```
M        77      }       125
N        78      ~       126
```

③
```
M        77      ¶       20
N        78      ⊥       21
```

(4)

```
4        1       0
2        4       0
4        4       0
4        8       0
4        4       0
3        1       4
```

(5)

```
i = 1    j = 1    k = 1
i = 2    j = 2    k = 2
i = 3    j = 1    k = 12
```

(6)

```
z = 8
```

4.3 程序设计题

(1)

```
#include <stdio.h>
#include <stdlib.h>
#include <math.h>

int main()
{
    double a, b, c, l, s;
    printf("请输入三角形的三条边: ");
    scanf("%lf%lf%lf", &a, &b, &c);

    l = a + b + c;
    s = sqrt(l * (l - a) * (l - b) * (l - c));
    printf("三角形的面积是 s = %f\n", s);
```

```
    system("PAUSE");
    return 0;
}
```

(2)

```
#include <stdio.h>
#include <stdlib.h>
#include <math.h>

int main()
{
    const float PI = 3.141592f;
    printf("x 的角度为: %f\n", 90-asin(0.8)*180/PI);

    system("PAUSE");
    return 0;
}
```

(3)

```
#include <stdio.h>
#include <stdlib.h>

int main()
{
    int a, b, c;
    printf("请输入两个数: ");
    scanf("%d%d", &a, &b);

    c = a; a = b; b = c;
    printf("交换后的两个数是 a = %d\t b = %d\n", a, b);

    system("PAUSE");
    return 0;
}
```

(4)

```
#include <stdio.h>
#include <stdlib.h>

int main()
{
    int a, b;
    printf("请输入两个数: ");
```

```
    scanf("%d%d", &a, &b);

    a = a + b; b = a - b; a = a - b;
    printf("交换后的两个数是 a = %d\t b = %d\n", a, b);

    system("PAUSE");
    return 0;
}
```

(5)

```
#include <stdio.h>
#include <stdlib.h>

int main()
{
    int a, b;
    printf("请输入两个数: ");
    scanf("%d%d", &a, &b);

    a = a ^ b; b = a ^ b; a = a ^ b;
    printf("交换后的两个数是 a = %d\t b = %d\n", a, b);

    system("PAUSE");
    return 0;
}
```

(6)

```
#include <stdio.h>
#include <stdlib.h>

int main()
{
    int a, b, c, d;
    printf("请输入三个数: ");
    scanf("%d%d%d", &a, &b, &c);

    d = a; a = b; b = c; c = d;
    printf("交换后的两个数是 a = %d\t b = %d\t c = %d\n", a, b, c);

    system("PAUSE");
    return 0;
}
```

(7)

```
#include <stdio.h>
#include <stdlib.h>

int main()
{
    double score;
    printf("请输入一个成绩: ");
    scanf("%lf", &score);

    score > 60.0 ? printf("Pass!\n") : printf("No Pass!\n");

    system("PAUSE");
    return 0;
}
```

(8)

```
#include <stdio.h>
#include <stdlib.h>

int main()
{
    double score1, score2, score3, maxscore;
    printf("请输入三个学生成绩: ");
    scanf("%lf%lf%lf", &score1, &score2, &score3);

    maxscore = score1 > score2 ? (score1 > score3 ? score1 : score3) : (score2 >
score3 ? score2 : score3);

    printf("maxscore = %f\n", maxscore);

    system("PAUSE");
    return 0;
}
```

(9)

```
#include <stdio.h>
#include <stdlib.h>

int main()
{
    double score1, score2, score3, avescore;
```

```
    printf("请输入三个学生成绩: ");
    scanf("%lf%lf%lf", &score1, &score2, &score3);

    avescore = score1 + acore2 + score3;
    avescore /= 3.0;

    printf("avescore = %.2f\n", avescore);

    system("PAUSE");
    return 0;
}
```

（10）

```
#include <stdio.h>
#include <stdlib.h>

int main()
{
    int fenzi1, fenmu1, fenzi2, fenmu2, resfenzi, resfenmu;

    printf("请输入第一个分数的分子和分母（以逗号隔开）: ");
    scanf("%d%d", &fenzi1, &fenmu1);
    printf("请输入第二个分数的分子和分母（以逗号隔开）: ");
    scanf("%d%d", &fenzi2, &fenmu2);

    resfenzi = fenzi1 * fenmu2 + fenzi2 * fenmu1;
    resfenmu = fenmu1 * fenmu2;

    printf("两个分数相加的结果是(分子、分母之间用逗号隔开): %d, %d\n", resfenzi,
resfenmu);

    system("PAUSE");
    return 0;
}
```

（11）

```
#include <stdio.h>
#include <stdlib.h>

int main()
{
    int number;
    int perdaywater, yearmoney;
```

```
    printf("请输入社区人数: ");
    scanf("%d", &number);

    perdaywater = number * (15 - 2) * 14;
    yearmoney = perdaywater * 365 / 1000 * 3 - (number / 3 + 1) * 150;

    printf("perdaywater = %d\t yearmoney = %d\n", perdaywater, yearmoney);

    system("PAUSE");
    return 0;
}
```

第 5 章　控制流与面向过程的程序设计

5.2.1　配对练习

第一组：（1）～（7）　g　a　b　d　e　c　f

第二组：（1）～（10）　h　i　b　d　a　c　f　g　j　e

5.2.2　填空题

（1）自然语言　伪代码　流程图　（2）((year%4 = = 0 &&year%100! = 0)||(year%400 = = 0))
（3）2　3　3　（4）break　（5）假或 0　（6）break　（7）do-while　（8）5　3
（9）do-while　（10）5　（11）6　（12）7　（13）4　（14）22　13　（15）10　0
（16）(p = =56) && (n = = 3)　（17）1　0

5.2.3　判断正误

（1）～（10）　F　F　T　F　F　F　F　F　F　T

（11）～（20）　T　F　F　T　T　T　F　F　F　F

5.2.4　简答题答案提示

（5）

```
if (x > 0)
    y = 1;
else if (x < 0)
    y = -1;
else
    y = 0;
```

（9）while 循环可能一次也不执行，do-while 循环至少能执行一次。

（10）循环条件一直为真就会出现死循环。限制循环条件，让其通过迭代后可在某一时刻变为假。

5.2.5 输出结果题

（1）

```
30        60        90        120
150       180       210       240
270       300       330       360
```

（2）

① `4`

② `1`

（3）

```
0
```

（4）

```
8765
```

（5）

① `1  4  9  16`

② `1  4  9  16  36  49  64`

（6）

```
k = 4
```

（7）

```
0        9        18        27        36
```

```
38
```

5.3 程序设计题

（1）

```
#include <stdio.h>
#include <stdlib.h>
#include <math.h>

int main()
{
    double a, b, c, l, s;
    printf("请输入三角形的三条边: ");
    scanf("%lfl%f%lf", &a, &b, &c);
```

```
    if (a + b > c && a + c > b && b + c > a)
    {
        l = a + b + c;
        s = sqrt(l * (l - a) * (l - b) * (l - c));
        printf("三条边为%f、%f、%f的三角形的面积为%f\n", a, b, c, s);
    }
    else
    {
        printf("输入错误! \n");
    }

    system("PAUSE");
    return 0;
}
```

(2)

```
#include <stdio.h>
#include <stdlib.h>
#include <math.h>

int main()
{
    double x, fvalue;
    printf("请输入x的值: ");
    scanf("%lf", &x);
    if (x < 0 && x != -1)
    {
        printf("fvalue(%f) = %f\n", x, x * x + 2 * x);
    }
    else if (x > 0 && x != 1)
    {
        printf("fvalue(%f) = %f\n", x, -x + 1);
    }
    else
    {
        printf("fvalue(%f) = %f\n", x, 0);
    }

    system("PAUSE");
    return 0;
}
```

(3)

```
#include <stdio.h>
```

```
#include <stdlib.h>

int main()
{
    int i, j;
    for (i = 1; i <= 9; ++i)
    {
        for (j = 1; j <= 9; ++j)
        {
            printf("%d * %d = %d\t", i, j, i * j);
        }
        printf("\n");
    }

    system("PAUSE");
    return 0;
}
```

(4)

```
#include <stdio.h>
#include <stdlib.h>

int main()
{
    int i, j;
    for (i = 1; i <= 9; ++i)
    {
        for (j = 1; j <= 9; ++j)
        {
            if (i <= j)
                printf("%d*%d=%d ", i, j, i * j);
        }
        printf("\n");
    }

    system("PAUSE");
    return 0;
}
```

(5)

```
#include <stdio.h>
#include <stdlib.h>

int main()
```

```
{
    int i, j;
    for (i = 1; i <= 9; ++i)
    {
       for (j = 1; j <= 9; ++j)
       {
           if (i >= j)
               printf("%d*%d=%d ", i, j, i * j);
       }
       printf("\n");
    }

    system("PAUSE");
    return 0;
}
```

(6)

```
#include <stdio.h>
#include <stdlib.h>

int main()
{
    int n, i, j;
    printf("请输入金字塔的层数(1~10): ");
    scanf("%d", &n);
    while (n <= 0 || n > 10)
    {
       printf("输入错误, 请重新输入。");
       scanf("%d", &n);
    }

    for (i = 1; i <= n; ++i)
    {
       for (j = 1; j <= n - i; ++j)
           printf(" ");
       for (j = 1; j <= 2 * i - 1; ++j)
           printf("*");
       printf("\n");
    }

    system("PAUSE");
    return 0;
}
```

(7)

```
#include <stdio.h>
#include <stdlib.h>
#include <math.h>

int main(int argc, char *argv[])
{
     double y;
     int x, m;

     for (y = 1; y >= -1; y -= 0.1)
     {
         m = acos(y) * 10;
         for (x = 1; x <= m; ++x)
             printf(" ");
         printf("*");
         for (; x < 62 - m; ++x)
             printf(" ");
         printf("*\n");
    }

     system("PAUSE");
     return 0;
}
```

(8)

```
#include <stdio.h>
#include <stdlib.h>
#include <math.h>

int main(int argc, char *argv[])
{
     double y;
     int x, m;

     for (y = 1; y >= 0; y -= 0.1)
     {
          m = asin(y) * 10;
          for (x = 1; x < m; ++x)
              printf(" ");
          printf("*");
          for (; x < 31 - m; ++x)
             printf(" ");
          printf("*\n");
```

```
        }
        for (y = 0; y >= -1; y -= 0.1)
        {
            m = asin(y) * 10;

            for (x = 1; x < 33 - m; ++x)
                printf(" ");
            printf("*");
            for (; x < 62 + m; ++x) /*下半段*/
              printf(" ");
              printf("*\n");
        }

        system("PAUSE");
        return 0;
}
```

(9)

```
#include <stdio.h>
#include <stdlib.h>

int main()
{
      int m, n;
      int i;
      int gcd = 1, lcm = 1;

      printf("请输入两个自然数: ");
      scanf("%d%d", &m, &n);

      /*求最大公约数*/
      for (i = 2; i <= m && i <= n; ++i)
      {
          if (m % i == 0 && n % i == 0)
          {
              gcd = i;
          }
      }

      /*最小公倍数为两数乘积除以最大公约数*/
      lcm = m * n / gcd;

      printf("%d 和%d 的最大公约数是%d, 最小公倍数是%d 。\n", m, n, gcd, lcm);
```

```
    system("PAUSE");
    return 0;
}
```

（10）

```
#include <stdio.h>
#include <stdlib.h>

int main()
{
    int n, i;
    printf("请输入一个自然数: ");
    scanf("%d", &n);

    for (i = 2; i <= n / 2; ++i)
    {
       if (n % i == 0)
       {
           printf("输入的自然数%d不是素数! \n", n);
           return 0;
       }
    }
    printf("输入的自然数%d是素数! \n", n);

    system("PAUSE");
    return 0;
}
```

（11）

```
#include <stdio.h>
#include <stdlib.h>

int fun(int m, int n) /*求最大公约数*/
{
    int i, gcd = 1;

    for (i = 2; i <= m && i <= n; ++i)
    {
        if (m % i == 0 && n % i == 0)
        {
            gcd = i;
        }
    }
```

```
        return gcd;
    }

    int main()
    {
        int fenzi1, fenmu1, fenzi2, fenmu2, resfenzi, resfenmu, gcd;
        int choice;

        printf("分数运算器: \n");
        printf("-----------------------------------\n");
        printf("[1]  加法      [2]  减法\n");
        printf("[3]  乘法      [4]  除法\n");
        printf("[0]  退出\n");
        printf("------------------------------------\n");
        printf("请输入你选择的菜单（0~4）: ");

        while (scanf("%d", &choice) && choice != 0)
        {

           if (choice < 0 || choice > 4)
           {
              printf("Error: 菜单中没有本选项, 请重新输入! \n");
              printf("请输入你选择的菜单（0~4）: \n");
              continue;
           }

           printf("请输入第一个分数的分子和分母: ");
           scanf("%d%d", &fenzi1, &fenmu1);
           printf("请输入第二个分数的分子和分母: ");
           scanf("%d%d", &fenzi2, &fenmu2);

          switch (choice)
          {
          case 1:
              resfenzi = fenzi1 * fenmu2 + fenzi2 * fenmu1;
              resfenmu = fenmu1 * fenmu2;

              gcd = fun(resfenzi, resfenmu); /*调用最大公约数函数*/

              resfenzi /= gcd;
              resfenmu /= gcd;
              printf("%d / %d + %d / %d = %d / %d\n", fenzi1 , fenmu1, fenzi2,
  fenmu2, resfenzi, resfenmu);
              break;
```

```
        case 2:
            resfenzi = fenzi1 * fenmu2 - fenzi2 * fenmu1;
            resfenmu = fenmu1 * fenmu2;

            gcd = fun(resfenzi, resfenmu);

            resfenzi /= gcd;
            resfenmu /= gcd;
            printf("%d / %d - %d / %d = %d / %d\n", fenzi1 , fenmu1, fenzi2, 
fenmu2, resfenzi, resfenmu);
            break;
        case 3:
            resfenzi = fenzi1 * fenzi2;
            resfenmu = fenmu1 * fenmu2;

            gcd = fun(resfenzi, resfenmu);

            resfenzi /= gcd;
            resfenmu /= gcd;
            printf("%d / %d * %d / %d = %d / %d\n", fenzi1 , fenmu1, fenzi2, 
fenmu2, resfenzi, resfenmu);
            break;
        case 4:
            resfenzi = fenzi1 * fenmu2;
            resfenmu = fenmu1 * fenzi2;

            gcd = fun(resfenzi, resfenmu);

            resfenzi /= gcd;
            resfenmu /= gcd;
            printf("(%d / %d) / (%d / %d) = %d / %d\n", fenzi1 , fenmu1, fenzi2, 
fenmu2, resfenzi, resfenmu);

            break;
        }

        printf("请输入你选择的菜单（0～4）: \n");
    }

    system("PAUSE");
    return 0;
}
```

（12）

```
#include <stdio.h>
```

```
#include <stdlib.h>

int main()
{
    double e = 1.0;
    int i, n, t = 1;

    printf("请输入 n = ");
    scanf("%d", &n);

    for (i = 1; i <= n; ++i)
    {
       t *= i;
       e += (1.0 / t);
    }

    printf("e = %f\n", e);

    system("PAUSE");
    return 0;
}
```

(13)

```
#include <stdio.h>
#include <stdlib.h>

int main()
{
    int a, n, i, k;
    long s = 0, tmp = 0;

    printf("请输入自然数 n 和 a(<10)");
    scanf("%d%d", &n, &a);
    while (a < 0 || a >= 10 || n < 0)
    {
       printf("请输入自然数 n 和 a(<10)");
       scanf("%d%d", &n, &a);
    }

    for (i = 1; i <= n; ++i)  /*控制 n 项*/
    {
       tmp = a;
       for (k = 1; k < i; ++k)   /*控制每一项有 i 个 a*/
       {
```

```
            tmp = 10 * tmp + a;
        }
        s += tmp;
    }

    printf("s = %d\n", s);

    system("PAUSE");
    return 0;
}
```

(14)

```
#include <stdio.h>
#include <stdlib.h>

int main()
{
    int a = 1, b = 1, c, n, i;
    double s = 0;

    printf("请输入 n = ");
    scanf("%d", &n);

    for (i = 1; i <= n; ++i)
    {
        c = a + b;
        a = b;
        b = c;

        s += (double)c / i;
    }

    printf("s = %f\n", s);

    system("PAUSE");
    return 0;
}
```

(15)

```
#include <stdio.h>
#include <stdlib.h>
#include <math.h>

int main()
```

```
{
    double a, x, y;

    printf("请输入 a = ");
    scanf("%lf", &a);

    x = a;
    y = sqrt(a);
    while (fabs(y - x) > 1e-6 )
    {
       x = 0.5 * (x + a / x);
    }

    printf("sqrt(%f) = %f\n", a, x);

    system("PAUSE");
    return 0;
}
```

(16)

```
#include <stdio.h>
#include <stdlib.h>
#include <math.h>

int main()
{
    double x = 0.2, y;

    y = 1.0 / (4 * exp(x));
    while (fabs(x - y) > 1e-6)
    {
       x = y;
       y = 1.0 / (4 * exp(x));
    }

    printf("x = %f\n", x);

    system("PAUSE");
    return 0;
}
```

(17)

```
#include <stdio.h>
#include <stdlib.h>
```

```
int main()
{
     int n, i, j, k;

     for (n = 10; n <= 100; n += 2) /*依次判断每一个偶数*/
     {
         for (i = 3; i < n ; ++i)   /*寻找第一个素数*/
         {
             for (k = 2; k < i / 2; ++k) /*判断当前元素 i 是否为素数*/
             {
                 if (i % k == 0)
                   break;
             } /*for*/
             if (k >= i / 2) /*当前元素 i 是素数*/
             {
                 j = n - i;
                 for (k = 2; k < j / 2; ++k) /*判断当前元素 j 是否为素数*/
                 {
                     if (j % k == 0)
                         break;
                 } /*for*/
                 if (k >= j / 2)  /*当前元素 j 是素数*/
                 {
                     printf("%d = %d + %d\n", n, i, j);
                     break;
                 }
             } /*if*/
         } /*for*/
     } /*for*/

     system("PAUSE");
     return 0;
}
```

(18)

```
#include <stdio.h>
#include <stdlib.h>

int main()
{
     int x, y, z;
     for (x = 1; x <= 3; ++x)  /*穷举 x 的全部可能配偶*/
         for (y = 1; y <= 3; ++y) /*穷举 y 的全部可能配偶*/
             for (z = 1; z <= 3; ++z) /*穷举 z 的全部可能配偶*/
```

```
                /*判断配偶是否满足题意*/
                if (x != 1 && x != 3 && z != 3 && x != y && x != z && y != z)
                {
                    /*打印判断结果*/
                    printf("X will marry to %c.\n", 'A' + x -1 );
                    printf("Y will marry to %c.\n", 'A' + y - 1);
                    printf("Z will marry to %c.\n", 'A' + z - 1);
                }

    system("PAUSE");
    return 0;
}
```

（19）

```
#include <stdio.h>
#include <stdlib.h>

int main()  /*a == 0 表示 A 说谎, a == 1 表示 A 说真话*/
{
    int a, b, c;

    for (a = 0; a <= 1; ++a)
        for (b = 0; b <= 1; ++b)
            for (c = 0; c <= 1; ++c)
            {
                if ((a && !b || !a && b) && (b && !c || !b && c) && (c &&
a + b == 0 || !c && a + b != 0))
                    printf("a = %d\nb = %d\nc = %d\n", a, b, c);
            }

    system("PAUSE");
    return 0;
}
```

第6章　指 针 变 量

6.2.1　配对练习

（1）～（7）　c　f　a　d　b　g　e

6.2.2　填空题

（1）&p1　（2）　x　*p　（3）6　（4）9　0X22FF74

（5）p = &i　(*p)++　（6）*((int*)p)

6.2.3　判断正误

（1）～（12）　T　T　T　F　F　F　F　F　F　T　T　T

6.2.4　简答题答案提示

（1）

① 定义一个变量 a，其值为 3。

② 定义一个变量 a，其值为 3；定义一个指针变量 p，令其指向变量 a，即指针变量 p 的值为&a。

③ 声明一个二重指针变量 p，且*p 的指不可改变。

（2）

0X12FF7C	0X00000009

a 变量值存储示意图

（3）

```
int *p1 = &x; double *p2 = &y; char *p3 = &z;
printf("x = %d\n", *p1); printf("y = %f\n", *p2); printf("z = %c\n", *p3);
printf("&p1 = %0X\n", &p1); printf("&p2 = %0X\n", &p2); printf("&p3 = %0X\n", &p3);
```

（4）

0X12FF60	0X00000005

X变量值存储示意图

0X12FF54	0X12FF60

p1变量值存储示意图

0X12FF48	0X12FF54

p2 变量值存储示意图

0X12FF3C	0X12FF48

p3 变量值存储示意图

与*p1 等价的有：x、**p2、***p3
与*p2 等价的有：p1、**p3、&x
与*p3 等价的有：p2、&p1
与**p2 等价的有：x、*p1、***p3
与**p3 等价的有：p1、*p2、&x
与***p3 等价的有：x、*p1、**p2

（5）

```
int **p2 = &p1;
int ***p3 = &p2;
```

（存储示意图略）

（6）

① int **p2 = &p1;
② const int *const *const p2 = &p1; （必须在声明的同时初始化）
③ const int **p2 = &p1;
④ int *const *const p2 = &p1; （必须在声明的同时初始化）
⑤ int *const *p2 = &p1;
⑥ const int **const p2 = &p1; （必须在声明的同时初始化）

6.3 程序设计题

（1）

```
#include <stdio.h>
#include <stdlib.h>

int main()
{
        int x = 3, *p = &x;            /*定义指针变量 p*/
        double y = 1.2, *q = &y;       /*定义指针变量 q*/

        printf("p = %u\n", p);          /*输出 p 的值*/
        printf("p + 1 = %u\n", p+1);  /*输出 p+1 的值*/
        printf("q = %u\n", q);          /*输出 q 的值*/
        printf("q + 1 = %u\n", q+1);   /*输出 q+1 的值*/

        system("PAUSE");
        return 0;
}
```

解释：观察程序结果，发现 int 型指针 p 和 p + 1 的值相差 4，而 double 型指针 q 和 q + 1 的值相差 8。由于指针变量存储的是地址值，因此对于任一类型指针变量 p，p + 1 变量的值，表示和 p 指针所指地址相差 sizeof（数据类型）个字节的地址值。

（2）

```
#include <stdio.h>
#include <stdlib.h>

int main()
{
      int a, b;
      int *p = &a, *q = &b, tmp;

      printf("请输入两个自然数 a 和 b: ");
      scanf("%d%d", &a, &b);
```

```
    tmp = *p; *p = *q; *q = tmp;

    printf("a = %d\t b = %d\n", a, b);

    system("PAUSE");
    return 0;
}
```

(3)

```
#include <stdio.h>
#include <stdlib.h>

int main()
{
    int i, x = 0X64696F76;
    char *p = &x;              /*强制类型转换*/
    printf("密码的原文为: \n");
    for (i = 0; i < 4; ++i)
       printf("%c", *p++);
    printf("\n");

    system("PAUSE");
    return 0;
}
```

第7章 数 组

7.2.1 填空题

(1) 8 20 4 4 (2) 4 18 9 18 (3) 3 (4) 138

(5) a a[5] *(a+5) &a[5] a+5 (6) 10 (7) *(&(a[0]))+1 *(a+1)

(8) u (9) third \0 (10) 13 (11) H ABCDE

(12) array[1] 或*(array+1)或&(array[0])+1 (13) B D c

(14) ++i, ++p (15) 'Z'+1 ++*p (16) **p (**(p+1)) *(*(p+2)+2))

7.2.2 判断正误

(1)～(10) T T T T F T T F F F

(11)～(17) T T F T F F F

7.2.3 简答题

(4) 相同点：均是按一维数组结构存储，即二维数组按一维数组形式逐行（或逐列）存储

不同点：一维数组存储与代数逻辑相符，二维数组存储与代数逻辑不一致

（5）相同点：均和代数逻辑保持一致

不同点：二维数组存取时会自动转化为一维数组的方式

（7）

① 字符数组和字符串是有区别的

② 字符数组名和字符指针是有区别的

（8）printf("name\tnumber\tsex\n");

printf("%s\t%s\t%s\n", student[i][0], student[i][1], student[i][2]);

（9）数组名本质上是一个 const 指针

7.3 程序设计题

（1）

```
#include <stdio.h>
#include <stdlib.h>

int main()
{
     int a[21] = {0, 1};
     int i;
     for (i = 2; i < 21; ++i)
     {
        a[i] = a[i-1] + a[i-2];
     }

     for (i = 0; i < 21; ++i)
        printf("%d\t", a[i]);
     printf("\n");

     system("PAUSE");
     return 0;
}
```

（2）

```
#include <stdio.h>
#include <stdlib.h>

#define ARRAYSIZE 5   /*定义最大数组长度*/

int main()
{
     int a[ARRAYSIZE] = {1, 2, 3, 4, 5}, b[ARRAYSIZE] = {2, 3, 4, 5, 6};
     int c[ARRAYSIZE] = {0};
```

```
    int i = 0, j = 0, k = 0;
    for (i = 0; i < ARRAYSIZE; ++i)
    {
        for (j = 0; j < ARRAYSIZE; ++j)
        {
            if (b[j] == a[i])
                c[k++] = a[i];
        } /*for*/
    } /*for*/

    for (i = 0; i < k; ++i)
        printf("%d\t", c[i]);
    printf("\n");

    system("PAUSE");
    return 0;
}
```

(3)

```
#include <stdio.h>
#include <stdlib.h>

#define ARRAYSIZE 5   /*定义最大数组长度*/

int main()
{
    int a[ARRAYSIZE] = {1, 2, 3, 4, 5}, b[ARRAYSIZE] = {2, 3, 4, 5, 6};
    int c[2 * ARRAYSIZE] = {0};

    int i = 0, j = 0, k = 0;
    for (i = 0; i < ARRAYSIZE; ++i)  /*先把集合 A 插入到集合 C 中*/
        c[k++] = a[i];
    for (j = 0; j < ARRAYSIZE; ++j)  /*把存在于 B 中但不存在于 A 中的元素插入到
                                      集合 C 中*/
    {
        for (i = 0; i < ARRAYSIZE; ++i)
        {
            if (b[j] == a[i])  /*若在 A 中有元素 b[j], 则不插入*/
                break;
        } /*for*/
        if (i == ARRAYSIZE)    /*插入*/
            c[k++] = b[j];
    } /*for*/
```

```
    for (i = 0; i < k; ++i)
        printf("%d\t", c[i]);
    printf("\n");

    system("PAUSE");
    return 0;
}
```

(4)

```
#include <stdio.h>
#include <stdlib.h>

#define ARRAYSIZE 6   /*定义最大数组长度*/

int main()
{
    int a[ARRAYSIZE] = {1, 2, 3, 4, 5, 6};

    int i = 0, tmp;
    for (i = 0; i < ARRAYSIZE / 2; ++i)   /*第 i 个元素和第 n-i-1 个元素交换*/
    {
        tmp = a[i]; a[i] = a[ARRAYSIZE-1-i]; a[ARRAYSIZE-1-i] = tmp;
    }
    for (i = 0; i < ARRAYSIZE; ++i)
        printf("%d\t", a[i]);
    printf("\n");

    system("PAUSE");
    return 0;
}
```

(5)

```
#include <stdio.h>
#include <stdlib.h>

#define ARRAYSIZE 6   /*定义最大数组长度*/

int main()
{
    char str[ARRAYSIZE] = "tgrea";
    char *p = str, tmp = str[0];/*p 为字符指针，指向字符数组第一个元素*/

    while (*p != '\0')
    {
```

```
            *p = *(p + 1);
            ++p;
        }
        *(p-1) = tmp;    /*第 n-1 个字符数组位置处存放原来数组的第一个元素*/

        printf("str = %s\n", str);


        system("PAUSE");
        return 0;
    }
```

（6）

```
    #include <stdio.h>
    #include <stdlib.h>

    #define ARRAYSIZE 100   /*定义最大数组长度*/

    int main()
    {
        char str[ARRAYSIZE], *p = NULL;
        int stat[3] = {0};

        printf("请输入一个字符串（字符个数不要超过%d 个）: ", ARRAYSIZE);
        scanf("%s", str);

        p = str;
        while (*p != '\0')
        {
            if (*p >= 'A' && *p <= 'Z')
                ++stat[0];
            else if (*p >= 'a' && *p <= 'z')
                ++stat[1];
            else if (*p >='0' && *p <= '9')
                ++stat[2];
            ++p;
        }

        printf("stat[0] = %d\t stat[1] = %d\t stat[2] = %d\n", stat[0], stat[1],
stat[2]);

        system("PAUSE");
        return 0;
    }
```

(7)

```
#include <stdio.h>
#include <stdlib.h>

#define ARRAYSIZE 10   /*定义最大数组长度*/

int main()
{
    int a[ARRAYSIZE] = {1, 3, 2, 7, 5, 9, 10, 8, 4, 6};
    int elem = 5;  /*待查找元素*/

    int i;
    for (i = 0; i < ARRAYSIZE; ++i)
    {
        if (a[i] == elem)
            break;
    }

    if (i == ARRAYSIZE)
        printf("不存在元素为%d 的元素! \n", elem);
    else
        printf("存在元素为%d 的元素! \n", elem);

    system("PAUSE");
    return 0;
}
```

(8)

```
#include <stdio.h>
#include <stdlib.h>

#define ARRAYSIZE 10   /*定义最大数组长度*/

int main()
{
    int a[ARRAYSIZE] = {1, 3, 5, 7, 9, 11, 13, 15, 17, 19};
    int elem = 10;  /*待查找元素*/

    int i, low = 0, hign = ARRAYSIZE, mid;
    while (low <= hign)
    {
        mid = (low + hign) / 2;
        if (a[mid] == elem)
            break;
```

```
        else if (a[mid] > elem)
            hign = mid - 1;
        else
            low = mid + 1;
    }

    if (a[mid] == elem)
        printf("存在元素为%d的元素! \n", elem);
    else
        printf("不存在元素为%d的元素! \n", elem);

    system("PAUSE");
    return 0;
}
```

(9)

```
#include <stdio.h>
#include <stdlib.h>

#define ARRAYSIZE 6   /*定义最大数组长度*/

int main()
{
    int a[ARRAYSIZE] = {1, 3, 4, 2, 5, 6}, tmp;

    int i, j;
    for (i = 0; i < ARRAYSIZE-1; ++i)
    {
        for (j = 0; j < ARRAYSIZE-1-i; ++j)
        {
            if (a[j] > a[j+1])
            {
                tmp = a[j]; a[j] = a[j+1]; a[j+1] = tmp;
            }
        } /*for*/
    } /*for*/

    for (i = 0; i < ARRAYSIZE; ++i)
        printf("%d\t", a[i]);
    printf("\n");

    system("PAUSE");
    return 0;
}
```

（10）

```
#include <stdio.h>
#include <stdlib.h>

#define ARRAYSIZE 5   /*定义最大数组长度*/

int main()
{
     int a[ARRAYSIZE + 1] = {1, 3, 5, 6, 8}, elem = 4;

     int i, j;
     for (i = 0; i < ARRAYSIZE; ++i)/*找到插入位置*/
     {
        if (a[i] >= elem)
            break;
     } /*for*/

     for (j = ARRAYSIZE; j > i ; --j)/*从最后一个元素开始，每个元素后移一位*/
        a[j] = a[j-1];
     a[j] = elem;

     for (i = 0; i < ARRAYSIZE+1; ++i)
        printf("%d\t", a[i]);
     printf("\n");

     system("PAUSE");
     return 0;
}
```

（11）

```
#include <stdio.h>
#include <stdlib.h>

#define ARRAYSIZE 100   /*定义最大数组长度*/

int main()
{
     int a[ARRAYSIZE] = {0}, elem;
     int i = 0, j = 0;

     printf("请输入一个十进制非负整数：");
     scanf("%d", &elem);

     while (elem != 0)
```

```
    {
        a[i] = elem % 2;
        elem /= 2;
        ++i;
    }

    printf("十进制整数%d的二进制表示为: ", elem);
    for (j = i-1; j >= 0; --j)  /*逆序输出*/
        printf("%d", a[j]);
    printf("\n");

    system("PAUSE");
    return 0;
}
```

（12）

```
#include <stdio.h>
#include <stdlib.h>

/*定义二维数组的行维数和列维数*/
#define ROW 3
#define COL 3

int main()
{
    int a[ROW][COL] = {{1, 2, 3}, {4, 5, 6}, {7, 8, 9}}, tmp;
    int i = 0, j = 0;

    for (i = 0; i < ROW; ++i)
    {
        for (j = i; j < COL; ++j) /*注意列标从i开始*/
        {
            tmp = a[i][j]; a[i][j] = a[j][i]; a[j][i] = tmp;
        }
    }

    for (i = 0; i < ROW; ++i)
    {
        for (j = 0; j < COL; ++j)
        {
            printf("%d\t", a[i][j]);
        }
        printf("\n");
    }
```

```
    system("PAUSE");
    return 0;
}
```

（13）

```
#include <stdio.h>
#include <stdlib.h>

/*定义二维数组的行维数和列维数*/
#define ROW 3
#define COL 3

int main()
{
    int a[ROW][COL] = {{1, 2, 3}, {4, 5, 6}, {7, 8, 9}};
    int b[ROW][COL] = {{-1, 2, 1}, {2, 1, 1}, {3, -5, 1}};
    int c[ROW][COL] = {0};
    int i = 0, j = 0;

    for (i = 0; i < ROW; ++i)
    {
       for (j = 0; j < COL; ++j)
       {
           c[i][j] = a[i][j] + b[i][j];
       }
    }

    for (i = 0; i < ROW; ++i)
    {
       for (j = 0; j < COL; ++j)
       {
           printf("%d\t", c[i][j]);
       }
       printf("\n");
    }

    system("PAUSE");
    return 0;
}
```

（14）

```
#include <stdio.h>
#include <stdlib.h>
```

```
/*定义二维数组的行维数和列维数*/
#define ROW 3
#define COL 3

int main()
{
    int a[ROW][COL] = {{1, 2, 3}, {4, 5, 6}, {7, 8, 9}};
    int b[ROW][COL] = {{-1, 2, 1}, {2, 1, 1}, {3, -5, 1}};
    int c[ROW][COL] = {0};

    int i = 0, j = 0, k = 0;
    for (i = 0; i < ROW; ++i)
    {
       for (j = 0; j < COL; ++j)
       {
           for (k = 0; k < ROW; ++k)
               c[i][j] += a[i][k] * b[k][j];
       }
    }

    for (i = 0; i < ROW; ++i)
    {
       for (j = 0; j < COL; ++j)
       {
           printf("%d\t", c[i][j]);
       }
       printf("\n");
    }

    system("PAUSE");
    return 0;
}
```

(15)

```
#include <stdio.h>
#include <stdlib.h>

/*定义二维数组的行维数和列维数*/
#define ROW 3
#define COL 3

int main()
{
    int a[ROW][COL] = {{1, 2, 3}, {0, 2, -1}, {0, 0, 2}};
```

```
    int result = 1;

    int i = 0;
    for (i = 0; i < ROW; ++i)
    {
       result *= a[i][i];
    }

    printf("result = %d\n", result);

    system("PAUSE");
    return 0;
}
```

（16）

```
#include <stdio.h>
#include <stdlib.h>

/*定义二维数组的行维数和列维数*/
#define ROW 3
#define COL 3

int main()
{
    int a[ROW][COL] = {{1, 2, 3}, {2, 6, 5}, {4, 12, 12}};
    int result = 1, value = 1;
    int i = 0, j = 0, k = 0;

    /*高斯消元法*/
    for (i = 0; i < ROW - 1; ++i)     /*i 控制行*/
    {
       for (k = i + 1; k < ROW; ++k) /*k 控制行*/
       {
           if (a[k][i] == 0)
               continue;
           value = a[k][i] / a[i][i];
           printf("value = %d\n", value);
           for (j = 0; j < COL; ++j) /*j 控制列*/
               a[k][j] -= a[i][j] * value;
       } /*for*/
    } /*for*/

    for (i = 0; i < ROW; ++i)
    {
```

```
        result *= a[i][i];
    }

    printf("result = %d\n", result);

    system("PAUSE");
    return 0;
}
```

(17)

```
#include <stdio.h>
#include <stdlib.h>

/*定义二维数组的行维数和列维数*/
#define ROW 10
#define COL 10

int main()
{
    int a[ROW][COL] = {0};
    int i = 0, j = 0, k = 0;

    for (i = 0; i < ROW; ++i) /*为每一行的第 1 个和最后 1 个元素赋值*/
        a[i][0] = a[i][i-1] = 1;

    for (i = 2; i < ROW; ++i) /*i 控制行*/
    {
        for (j = 1; j < i; ++j) /*j 控制列*/
        {
            a[i][j] = a[i-1][j-1] + a[i-1][j];
        }
    }

    for (i = 0; i < ROW; ++i)
    {
        for (j = 0; j <= i; ++j)
            printf("%d\t", a[i][j]);
        printf("\n");
    }

   system("PAUSE");
   return 0;
}
```

（18）

```
#include <stdio.h>
#include <stdlib.h>

/*定义二维数组的行维数和列维数*/
#define ROW 4
#define COL 4

int main()
{
    int A[4][4] = {{1, 1, 1, 1}, {1, 0, 0, 1}, {1, 0, 0, 1}, {1, 1, 1, 1}};

    int i = 0, j = 0;
    for (i = 0; i < ROW; ++i)
    {
        for (j = 0; j < COL; ++j)
        {
            if (A[i][j] == 1)
                printf("*");
            else
                printf(" ");
        }
        printf("\n");
    }

    system("PAUSE");
    return 0;
}
```

（19）

```
#include <stdio.h>
#include <stdlib.h>

int main()
{
    char str[] = "hello world!";
    char *p = str;
    int length = 0;

    while (*p != '\0')
    {
        ++length; ++p;
    }
```

```
    printf("length = %d\n", length);

    system("PAUSE");
    return 0;
}
```

（20）

```
#include <stdio.h>
#include <stdlib.h>

#define SIZE 100 /*最大字符长度*/

int main()
{
    char str1[] = "hello world!", str2[SIZE];
    char *p = str1, *q = str2;

    while (*p != '\0')
        *q++ = *p++;
    *q = '\0';

    printf("str2 = %s\n", str2);

    system("PAUSE");
    return 0;
}
```

（21）

```
#include <stdio.h>
#include <stdlib.h>

#define SIZE 100 /*最大字符长度*/

int main()
{
    char str1[] = "hello", str2[] = " world!", str3[SIZE];
    char *p = str1, *q = str2, *r = str3;

    while (*p != '\0')
        *r++ = *p++;
    while (*q != '\0')
        *r++ = *q++;
    *r = '\0';

    printf("str3 = %s\n", str3);
```

```
    system("PAUSE");
    return 0;
}
```

（22）

```
#include <stdio.h>
#include <stdlib.h>

#define SIZE 10   /*最大学生个数*/

int main()
{
    int choice, i, j;
    char name[SIZE + 1][20], number[SIZE + 1][20]; /*姓名、学号*/
    double math[SIZE + 1], computer[SIZE + 1], sum[SIZE + 1] = {0};
/*成绩*/
    char name_search[20];

    printf("成绩处理\n");
    printf("------------\n");
    printf("[1] 信息输入\n");
    printf("[2] 信息输出\n");
    printf("[3] 查找信息\n");
    printf("[4] 成绩排序\n");
    printf("[0] 退出\n");
    printf("请输入您的选择（0～4）：\n");
    scanf("%d", &choice);

    while (choice != 0)
    {
        switch (choice)
        {
        case 1:
            for (i = 0; i < SIZE; ++i)
            {
                printf("请输入第%d个学生的信息（姓名、学号、数学、计算机，中间加空
格）：", i+1);
                scanf("%s%s%lf%lf", name[i], number[i], &(math[i]), &(computer[i]));
                sum[i] = math[i] + computer[i];
            }
            break;
        case 2:
            printf("学号   姓名   数学    计算机   总成绩：\n");
```

```
            for (i = 0; i < SIZE; ++i)
            {
                printf("%s\t%s\t%.2f\t%.2f\t%.2f\n", name[i], number[i],
math[i], computer[i], sum[i]);
            }
            break;
        case 3:
            printf("请输入要查找的学生姓名: ");
            scanf("%s", name_search);
            for (i = 0; i < SIZE; ++i)
            {
                if (strcmp(name[i], name_search) == 0)
                {
                    printf("查找成功! 该学生信息如下: \n");
                    printf("学号    姓名    数学    计算机    总成绩: \n");
                    printf("%s\t%s\t%.2f\t%.2f\t%.2f\n", name[i], number[i],
math[i], computer[i], sum[i]);
                    break;
                } /*if*/
            } /*for*/

            if (i == SIZE)
                printf("没有所查学生信息! \n");


        case 4:
            for (i = 0; i < SIZE; ++i)
            {
                for (j = 0; j < i; ++j)
                {
                    if (sum[j] < sum[j+1])
                    {
                        strcpy(name[SIZE], name[j]); strcpy(name[j], name[j+1]);
strcpy(name[j+1], name[SIZE]);
                        strcpy(number[SIZE], number[j]);  strcpy(number[j],
number[j+1]);  strcpy(number[j+1], number[SIZE]);
                        math[SIZE] = math[j]; math[j] = math[j+1];  math[j+1] =
math[SIZE];
                        computer[SIZE] = computer[j]; computer[j] = computer[j+1];
computer[j+1] = computer[SIZE];
                        sum[SIZE] = sum[j]; sum[j] = sum[j+1]; sum[j+1] = sum[SIZE];
                    } /*if*/
                } /*for*/
            } /*for*/
            break;
```

```
            }
            printf("请重新输入您的选择(0～4): ");
            scanf("%d", &choice);
        }

        system("PAUSE");
        return 0;
}
```

第8章 函　　数

8.2.1 填空题

（1）2　（2）return　（3）值传递　地址传递　（4）地址传递　（5）地址传递
（6）int　&sum　*sum((a, 5))　（7）静态或 static　（8）auto　（9）double **p
（10）*p　（11）void　(int*)　（12）15

8.2.2 判断正误

（1）～（15）　F　F　T　F　T　F　F　T　T　F　F　F　T　F　T
（16）～（29）　T　T　T　F　T　F　F　F　F　F　F　F　F　T

8.2.3 简答题

（1）

```
void PrintArray(int *a)
{
        int i;
        for (i = 0; i < sizeof(a) / sizeof(int); ++i)
        printf("%d\t", a[i]);
        printf("\n");
}
```

（3）不能正确完成数据交换。由于该函数传递的是地址值，即相当于参数传递中的“值传递”，只不过当前“值”为一特殊值——地址，函数执行完毕之后，函数参数（局部变量）会释放内存空间，即不能达到 main 函数中交换数据的目的。

（4）嵌套调用和递归调用实质上是函数组织上的一种逻辑结构，通过函数之间的互相调用，增加了代码的可重复利用性，而递归函数为解决问题提供了一种优秀的算法，特别是对于处理那些规模比较大的问题非常适用（如“汉诺塔”问题）。

（8）

① `typedef int * pF; pF p[10];`

② `typedef int [10] Arr; Arr *p;`

③ typedef int ** pF; pF p[10];

④ typedef void ((*pF1)(int, int *)); pF1 fo;

typedef int *((*pF2)(int *, pF1 fo));

⑤ typedef int (*pF)(); pF (*p)[10];

⑥ typedef char * ((*pF1)(char *, char *));

typedef char * pF2(char *, pF1 fp); pF2 fun;

8.2.4 程序改错

(1)

```
int fun(int a, int b) /*形参类型必须指定，返回类型不为void*/
{
     int c = a + b;
     return c;
}
```

(2)

```
/*源文件 test8_6.c*/
#include <stdio.h>
#include <stdlib.h>

void fun(int a[], int len);   /*函数声明后的分号不能少*/
int main()
{
     int i, a[]= {1, 2, 3, 4, 5, 6, 7, 8, 9, 10};
     int len = sizeof(a)/sizeof(int);
     fun(a, len);                 /*函数调用时实参、形参类型要一致*/
     for(i = 0; i < len; ++i)    /*数组遍历时，提防数组越界*/
        printf("%d\t", a[i]);
     printf("\n");

     system("PAUSE");
     return 0;
}
void fun(int a[], int len)     /*函数定义和函数声明要保持一致*/
{
     int i, tmp;
     for(i = 0; i < len/2; ++i)
     {
        tmp = a[i];
        a[i] = a[len-i-1];
        a[len-i-1] = tmp;
     }
```

```
    /*return 0;                  函数返回类型为 void，函数体内不能有返回值*/
}
```

（3）

```
/*源文件: test8_7.c*/
#include <stdio.h>
#include <stdlib.h>

void fun(int (*a)[4], int b[], int len1, int len2); /*在函数调用之前要有函数声明*/

int main()
{
    int i;
    int a[3][4] = {1, 2, 3, 25, 5, 6, 7, 8, 9, 10, 11, 12};
    int b[3];
    fun(a, b, 3, 4);
    for(i = 0; i < 3; ++i)
        printf("%d\t", b[i]);
    printf("\n");

    system("PAUSE");
    return 0;
}
void fun(int (*a)[4], int b[], int len1, int len2)   /*函数参数应为数组指针，以接
受实参名为二维数组的情况*/
{
    int i, j, tmp;
    for (i = 0; i < len1; ++i)
    {
        tmp = a[i][0];      /*tmp 指向每一行的第一个元素*/
        for (j = 0; j < len2; ++j)
        {
            if (tmp < *(a[i]+j))  /*tmp 和每一行的其他元素以此比较*/
                tmp = *(a[i]+j));  /*问题同上*/
        }
        b[i] = tmp;
    }
}
```

8.3 程序设计题

（1）

```
double My_fabs(double x)
{
```

```
    return (x > 0) ? x : -x;
}
```

(2)

```
void sort(int *a, int *b, int *c)
{
    inLtmp;
    if (*a < *b)
    {
        tmp = *a; *a = *b; *b = tmp; /*使*a >= *b*/
    }
    if (*b < *c)
    {
        tmp = *c; *c = *b;   /*使 tmp > *c*/
        if (*a >= tmp)
            *b = tmp;
        else
        {
            *b = *a; *a = tmp;
        }
    }
}
```

(3)

```
int  min(int *a, int n)
{
    int pos = 0, minvalue = a[0], i;
    for (i = 0; i < n; ++i)
    {
        if (a[i] < minvalue)
        {
            pos = i; minvalue = a[i];
        }
    }

    return pos;
}
```

(4)

```
void  min_2(int *a, int n, int *s1, int *s2)
{
    int tmp, i;
    *s1 = 0; *s2 = 1;
    if (a[*s1] > a[*s2])  /*保证 a[*s1] < a[*s2]*/
```

```
    {
        tmp = *s1; *s1 = *s2; *s2 = tmp;
    }

    for (i = 2; i < n; ++i)
    {
        if (a[i] < a[*s1])
        {
            *s2 = *s1; *s1 = i;
        }
        else if (a[i] < a[*s2])
            *s2 = i;
    }
}
```

（5）

```
int palindrome(char *str)
{
    int i, lenth = 0;
    char *p = str;
    while (*p != '\0')  /*求串中字符的个数*/
    {
        ++lenth; ++p;
    }

    for (i = 0; i < lenth; ++i)
    {
        if (str[i] != str[lenth - 1 - i])
            return 0;
    }

    return 1;
}
```

（6）

```
double variance(double *x, int n)
{
    int i;
    double ave = 0.0, vari = 0.0;  /*分别存储及数组元素的方差*/

    for(i = 0; i < n; ++i)
        ave += x[i];
    ave /= n;
    for(i = 0; i < n; ++i)
```

```
        vari += (x[i] - ave) * (x[i] - ave) / (n - 1);

    return vari;
}
```

(7)

```
int factorial(int n)  /*计算n的阶乘*/
{
    long result = 1;
    int i = 1;
    for (; i <= n; ++i)
        result *= i;
    return result;
}

void fun(int *a, int len, int *n)
{
    int i = 0;
    for (; i < len; ++i)
    {
        a[i] = factorial(i) * pow(2, i);
        if (a[i] < 0)
        {
            *n = i;
            break;
        }
    }
}
```

(8)

```
double polynomial(double *a, int n)
{
    double x, result = 0.0;
    int i;

    printf("请输入x = ");
    scanf("%lf", &x);

    for (i = 0; i < n; ++i)
        result += a[i] * pow(x, i);

    return result;
}
```

(9)

```
long factorial(int n)  /*计算 n 的阶乘*/
{
    long result = 1;
    int i = 1;
    for (; i <= n; ++i)
        result *= i;
    return result;
}

double combination(int n, int k)
{
    return (double)factorial(n) / (factorial(k) * factorial(n-k));
}
```

(10)

```
void StringToInteger(char *str, int *number)
{
    char *p = str;
    while (*p != '\0')
    {
        *number *= 10;
        *number += (*p - '0');
        ++p;
    }
}
```

(11)

```
void IntegerToString(char *str, int number)
{
    int Subscript;
    if (number)
    {
        Subscript = (int)log10((double)number);
        str[Subscript] = number % 10 + '0';
        IntegerToString(str, number / 10);
    }
}
```

(12)

```
int sum(int *a, int n)
{
    static int SUM = 0;
```

```
    if (n >= 1)
    {
        SUM += a[n-1];
        sum(a, n-1);
    }

    return SUM;
}
```

(13)

```
int add(int a, int b)
{
    if (b == 0)
        return a;
    return add(++a, --b);
}
```

(14)

```
int  multi(int a, int b)
{
    static int value = 0;  /*确定一个增量*/
    value = a - value;
    if (b == 1)
        return a;
    else
    {
        return multi(a + value, --b);
    }
}
```

(15)

```
void Add_Big_Integer(char *a, char *b, char *c)
{
    int length_a = 0, length_b = 0, i;
    char *p = a, *q = b;

    while (*p++ != '\0') ++length_a; /*a 的位数*/
    while (*q++ != '\0') ++length_b; /*b 的位数*/

    for (i = 1; i <= length_a; ++i) /*当前 c 中存储 a 的元素，从下标为 1 处开始*/
    {
        c[i] = a[i-1];
    } /*for*/
```

```
        for (--i; i >= 1; --i) /*从后向前加*/
        {
            if (length_b > 0) /*做加法*/
                c[i] += b[--length_b] - '0';

            if (c[i] > '9') /*若当前字符 > '9', 则向前进一位*/
            {
                c[i-1] += 1;
                c[i] -= 10;
            }
        } /*for*/

        if (c[0] == '\0') /*空出的第一个字符空间没有用*/
        {
            for (i = 0; i <= length_a; ++i)
                c[i] = c[i+1];
        }
}
```

（16）

```
double definite_integral(double a, double b, double (*fp)(double))
{
        double x = a, result = 0;
        for (; x <= b; x += 0.01)
        {
            result += 0.01 * fp(x);
        }

        return result;
}
```

（17）（参考第 7 章习题，在此从略）

第 9 章　预　处　理

9.2.1　填空题

（1）#include "C:\Document\headfile.h"　（2）1　7　（3）33　37.80
（4）2*(X+(X)*(X)+5*(X)*(X)+5)+5　325　（5）2*(X+X*X+5*X*X+5)+5　325
（6）预处理器条件指令　（7）#ifndef　#define　#endif

9.2.2　判断正误

（1）～（11）　T　T　T　F　F　F　F　F　T　F　T

9.2.3 简答题答案提示

（1）函数式宏不是函数调用，只是一种符号代换，在编译阶段，函数式宏出现的地方将被替换为原来的字符。而函数调用涉及内存分配及 CPU 调度等问题。

函数式宏与函数调用各有优点，函数式宏最主要的优点是避免函数调用的开销；函数式宏的缺点是容易产生求值错误。

例如计算平方的函数式宏如下定义："#define square (x) x*x"，若传入参数为"1+2"，则就会产生结果错误。

（2）

① #define PS(s) printf("%s\n", s)

② #define PC(ch) printf("%c\n", ch)

③ #define PF2(x) printf("%.2f\n", x)

（3）

① 程序输出结果：8

② 程序输出结果：10

③ 程序输出结果：12

④ 优势：避免函数调用开销

劣势：容易产生结果错误

（4）#if 预处理语句可能减少目标代码的长度，其他与 if 语句完全相同

（5）

① 程序不会出现任何错误

② 程序输出结果是：DEBUG = 1

③ 程序会出错，错误原因在于第 13 行取消了 DEBUG 的定义，而在第 16 行却使用了 DEBUG 标识符

④ 略

9.3 程序设计题

（1）

```
/*宏定义*/
#define bool int
#define true 1
#define false 0

bool IsSame(int a, int b)
{
    if (a == b) return true;
    else return false;
}
```

(2)

```
#define swap(a,b) {(a) = (a) + (b); (b) = (a) - (b); (a) = (a) - (b);}
```

(3)

```
#define abs(a) (a) > 0 ? (a) : -(a)
```

(4)

```
#define max(a,b,c) (a) > (b) ? ((a) > (c) ? (a) : (c)) : ((b) > (c) ? (b) : (c))
```

(5)

```
#define FUNCTION(l,s,v,r) {(l) = 2 * PI * (r); (s) = PI * (r) * (r); (v) = PI * (r) * (r) * (r);}
```

(6)

```
#define new(TYPE,SIZE) (TYPE *)malloc((SIZE) * sizeof(TYPE))
```

(7)

```
#include <stdio.h>
#include <stdlib.h>

#define TAG 0      /*编码解码标志，TAG为0表示解码，TAG为1表示编码*/
#define SIZE 100  /*字符数组最大长度*/

int main()
{
    char str[SIZE], *p;
    printf("请输入一段字符串: ");
    scanf("%s", str);
    p = str;

#if TAG == 0
    while (*p != '\0')
        *p++ = *p + 1;
    printf("解码后的字符串为: %s\n", str);
#else
    while (*p != '\0')
        *p++ = *p - 1;
    printf("编码后的字符串为: %s\n", str);
#endif

    system("PAUSE");
    return 0;
}
```

第 10 章　自定义数据类型

10.2.1　填空题

（1）enum　（2）4　6　12　4　（3）typedef　（4）18　4　28　（5）24　24

（6）p = &str.a　（7）strA　strA*　(p+2)->x, (p+2)->y

（8）complex　&x.real, &x.image, &y.real, &y.image

（9）p1->next = p2;　p1 = p2;　return head;

（10）r->next = q;　p->next = r;

10.2.2　判断正误

（1）～（15）　F　T　F　F　F　F　F　F　F　T　T　T　F　F　T

（16）～（21）　F　T　F　F　F　F

10.2.3　简答题答案提示

（1）决定直接访问或间接访问结构体成员的因素是：结构体对象存储在内存中的“栈区”还是“堆区”。若结构体对象存储在“栈区”，则采用直接访问方式；若结构体对象存储在“堆区”，则采用间接访问方式访问结构体成员。

在内存角度上，间接访问通过指针变量，在“堆区”为结构体变量分配一块内存空间，从而进行访问；而直接访问直接在“栈区”进行访问。

（3）

```
strcpy(first.name, "John" first.sex = '1'; first.birth.year = 1982;
first.birth.month = 9; first.birth.day = 15;
```

（4）

① 程序的输出结果是：12　5　4
　内存存储图略

② 程序的输出结果是：8　4　4
　内存存储图略

③ 程序的输出结果是：8　5　4
　内存存储图略

④ 程序的输出结果是：4　4　4
　内存存储图略

（5）

① int tmp; tmp = p->data; p->data = r->data; r->data = tmp;

② 本质上是三个结点数据排序的问题：
　if (p->data < q->data)　{ 交换 p、q 结点数据；}

if (q->data < r->data)　{ 交换 q、r 结点数据；}
if (p->data < q->data)　{ 交换 p、q 结点数据；}

③ p->next = q->next; free(q);

10.3 程序设计题

（1）

```
typedef enum bool {false, true} bool;  /*枚举类型定义*/

bool IsSame(int a, int b)
{
     if (a == b) return true;
     else return false;
}
```

（2）

```
#include <stdio.h>
#include <stdlib.h>

#define SIZE 100         /*定义学生最大个数*/
typedef enum bool {false, true} bool;  /*枚举类型定义*/

typedef struct STUDENT{
     char name[20];      /*姓名*/
     char number[10];    /*学号*/
     bool sex;           /*性别*/
     double math, computer, sum;  /*成绩*/
}STUDENT;

void input(STUDENT *student, int n)
{
     int i;
     for (i = 0; i < n; ++i)
     {
        printf("请输入第%d 个学生的信息（姓名、学号、性别、数学、计算机，中间加空格）：",
i+1);
        scanf("%s%s%d%lf%lf", student[i].name, student[i].number, &(student[i].sex),
&(student[i].math), &(student[i].computer));
        student[i].sum = student[i].math + student[i].computer;
     }
}

int main(int argc, char *argv[])
{
```

```
    STUDENT student[SIZE];

    input(student, 10);

    system("PAUSE");
    return 0;
}
```

（3） /*只写出了输出函数*/

```
void output(STUDENT *student, int n)
{
    int i;
    printf("学号    姓名    性别    数学     计算机    总成绩: \n");
    for (i = 0; i < n; ++i)
    {
       printf("%s\t%s\t", student[i].name, student[i].number);
       if (student[i].sex == 1)
           printf("男");
       else
           printf("女");
      printf("\t%.2f\t%.2f\t%.2f\n", student[i].math, student[i].computer,
student[i].sum);
    }
}
```

（4）/*只写出了排序函数*/

```
void sort(STUDENT *student, int n)
{
    STUDENT tmp;
    int i, j;
    for (i = 0; i < n-1; ++i)
    {
       for (j = 0; j < n-i-1; ++j)
       {
           if (student[j].sum < student[j+1].sum)
           {
               tmp = student[j]; student[j] = student[j+1]; student[j+1] = tmp;
           } /*if*/
       } /*for*/
    } /*for*/
}
```

（5） /*只写出了函数定义*/

```
void search(STUDENT *student, int n)
```

```
{
    int i;
    char number[20];

    printf("请输入待查找学生的学号: ");
    scanf("%s", number);

    for (i = 0; i < n; ++i)
    {
        if (strcmp(student[i].number, number) == 0)
        {
            printf("所查学生信息为: \n");
            printf("%s\t%s\t", student[i].name, student[i].number);
            if (student[i].sex == 1)
                printf("男");
            else
                printf("女");
            printf("\t%.2f\t%.2f\t%.2f\n", student[i].math, student[i].computer,
student[i].math + student[i].computer);
            break;
        } /*if*/
    } /*for*/

    if (i == n)
        printf("没有所查学生信息! \n");
}
```

（6） /*只写出了插入函数定义*/

```
void insert(STUDENT *student, int n)
{
    printf("请输入待插入学生的信息（姓名、学号、性别、数学、计算机，中间加空格）: ");
    scanf("%s%s%d%lf%lf", student[n].name, student[n].number, &(student[n].sex),
&(student[n].math), &(student[n].computer));
    student[n].sum = student[n].math + student[n].computer;
}
```

（7）（略）

（8）

```
void CreateList(LinkList L)
{
    int n, i, e;
```

```
    LinkList s;
    printf("输入结点个数: ");
    scanf("%d", &n);
    for (i = 0; i < n; ++i)
    {
      printf("输入第%d个结点: ", i+1);
      s = (LinkList)malloc(sizeof(LNode)); /*分配结点空间*/
      scanf("%d", &(s->data));  /*输入数据域*/
      s->next = L->next;        /*新生成的结点的指针域为原表中的第1个结点*/
      L->next = s;              /*修改原链表中头结点的指针域*/
    }
}
```

(9)

```
int ListLength(LinkList L)  /*带表头结点*/
{
    static int length = 0;  /*定义静态变量*/
    if (L->next != NULL) ++length;
    ListLength(L->next);

    return length;
}
```

(10)

```
void Raverse(LinkList *L) /*单链表的逆置*/
{
    if(NULL== L || NULL== *L)return;
    LinkList p = (*L)->next, q, r;
    if(NULL== p) return;
    q = p->next;
    p->next = NULL;

    while(q)
    {
      r = q->next; q->next = p;
      p = q; q = r;
    }
    (*L)->next = p;
}
```

（原来的11题已经删除，以下题目序号已经更新）

(11) （略）

(12)

```
void intersection(LinkList La, LinkList Lb)
{
```

```
    LinkList p = La->next, q = Lb->next;
    int i = 1;
    while (p)
    {
        q = Lb->next;
        while (q)
        {
            if (q->data == p->data) /*表 A 中的当前元素在表 B 中存在*/
            {
                ListDelete(&La, i); /*调用删除函数，删除当前元素*/
                break;
            }
            q = q->next;
        }
        p = p->next;
        ++i;
    }
}
```

（13）

```
void Union(LinkList La, LinkList Lb)
{
    LinkList p = La->next, q = Lb->next;
    while (q)
    {
        p = La->next;
        while (p)
        {
            if (q->data == p->data) /*表 B 中的当前元素在表 A 中存在*/
                break;
            p = p->next;
        } /*while*/
        if (!p)  /*当前 B 中的元素在 A 中不存在*/
        {
            s = (LinkList)malloc(sizeof(LNode));
            s->data = q->data;
            s->next = La->next; /*插入到表头*/
            La->next = s;
        } /*if*/

        q = p->next;
    } /*while*/
}
```

(14)

```
typedef enum bool {false, true} bool;
bool ListEmpty(Cir_LinkList L)
{
     if (L->next == L)
        return true;
     else
        return false;
}
```

(15)

```
int Josephus(int n, int k) /*用不带头结点的循环链表实现*/
{
     int i = 1;
     LinkList L, p, q;
     CreateList(&L);      /*创建含有 n 个结点的循环链表*/
     p = L;
     while (ListLength(L) > 1) /*表长 > 1 时, 继续执行*/
     {
        while (i++ < k - 1)  /*找到第 k-1 个元素 */
            p = p->next;
        q = p->next;
        p->next = q->next;  /*删除第 k 个元素*/
        free(q);    /*释放第 k 个元素 */
        i = 1;  /*计数器重新开始计数 */
     } /*while*/

     return p->data;
}
```

(16) /*使用共同体实现*/

```
#include <stdio.h>
#include <stdlib.h>

typedef union {
     int x;
     char s[4];
}Code;

int main()
{
     Code code = {0X41424344};

     int i;
     for (i = 0; i < 4; ++i)
```

```
        printf("%c", code.s[i]);
    printf("\n");

    system("PAUSE");
    return 0;
}
```

第 11 章　标准库函数

11.2.1　配对练习

（1）～（9）　　g　f　i　e　c　h　a　d　b

11.2.2　填空题

（1）ispunct(ch);　（2）数据流　文本流　二进制流
（3）string.h　stdlib.h　ctype.h　stdio.h　（4）文件　（5）stdio.h
（6）fp = fopen("D:\\file\\hello.txt", "r");　fclose(fp);
（7）fseek(fp, -10, SEEK_CUR);　fseek(fp, 10, SEEK_CUR);
fseek(fp, 0, SEEK_SET); 或 rewind(fp);
（8）按需要移动文件指针到指定位置　SEEK_SET　SEEK_CUR　SEEK_END
（9）stderr　stdout（顺序可颠倒）　（10）stddef.h
（11）stdin　stdout　stderr　stdoux　stdprn（顺序可颠倒）
（12）size_t　unsigned　long　int　（13）ptrdiff_t　long　long long
（14）FILE *fp1, *fp2;　fputc(ch, fp2);　fclose(fp1);　fclose(fp2);
（15）HELLOFG　ABCDEFGHELLO　HELLO

11.2.3　判断正误

（1）～（18）T　T　F　T　F　F　T　F　T　F　T　F　T　F　T　T　T　T

11.2.4　简答题

（3）"w"、"w+"、"wb"、"wb+"、"a"、"a+"、"ab"、"ab+"
（7）
① who you are
② 1
③ who I am whe
④ 29
（8）
① result.txt 文件中的内容是：

```
当前 fp 指针指向的字符位置是：26。
```

```
此时指针 fp 指向的字符是: A。
此时指针 fp 指向的字符是: K。
当前 fp 指针指向的字符位置是: 11。
```

② result.txt 文件中的内容是：

```
当前 fp 指针指向的字符位置是: 26。
此时指针 fp 指向的字符是: A。
此时指针 fp 指向的字符是: K。
当前 fp 指针指向的字符位置是: 11。
```

（9）

① if (a and b) printf("a 和 b 均为非 0 值");

② return a not_eq b ? a bitand b : a bitor b;

③ a and_eq b;

④ (compl a) xor (not b);

11.3 程序设计题

（1）

```
typedef enum bool {false, true} bool;  /*枚举类型定义*/

bool isdigit(char ch)
{
     if (ch >= '0' && ch <= '9')
        return true;
     else
        return false;
}
```

（2）

```
int strcmp(const char *str1, const char *str2)
{
     char *p = str1, *q = str2;
     while (*p != '\0' && *q != '\0')
     {
        if (*p > *q)
            return 1;
        else if (*p < *q)
            return -1;
        else
        {
            ++p; ++q;
```

```
        }
    } /*while*/

    if (*p != '\0')  /*当前字符串 p 还未到头*/
        return 1;
    else
        return -1;
}
```

(3) (略)

(4)

```
void StaticFile(FILE *fp, unsigned int *w)
{
    char ch = fgetc(fp);
    while (ch != EOF)
    {
        if (ch >= 'a' && ch <= 'z')
            ++w[ch - 'a'];
        else if (ch >= 'A' && ch <= 'Z')
            ++w[ch - 'A'];
        ch = fgetc(fp);
    }
}
```

(5)

```
void FileCopy(FILE *in, FILE *out)
{
    char ch = fgetc(in);
    while (ch != EOF)
    {
        fputc(ch, out);
        ch = fgetc(in);
    }
}
```

(6)

```
#include <stdio.h>
#include <stdlib.h>

int main(int argc, char *argv[])
{
    FILE *in, *out;
```

```
    char ch;

    if (argc != 3)
    {
       fprintf(stderr, "Input Error. Error code: %s\n", strerror(errno));
       return -1;
    }
    if ((in = fopen(argv[1], "r")) == NULL)  /*打开读入文件*/
    {
       fprintf(stderr, "open %s failed. Error code: %s\n",   argv[1],
strerror(errno));
       return -1;
    }
    if ((out = fopen(argv[2], "w")) == NULL)  /*打开写入文件*/
    {
       fprintf(stderr, "open %s failed. Error code: %s\n",   argv[2],
strerror(errno));
       return -1;
    }

    /*文件复制代码*/
    ch = fgetc(in);
    while (ch != EOF)
    {
       fputc(ch, out);
       ch = fgetc(in);
    }

    fclose(in); fclose(out);

    return 0;
}
```

(7)

```
void Compress(char *str, FILE *fp)
{
    unsigned char ch = 0;
    char *p = str;
    int k = 0;
    while (*p != '\0')
    {
       if (k < 7)
       {
```

```
            if (*p == '1')
            {
                ch = ch << 1;  /*左移一位*/
                ch = ch | (unsigned char)1;
            } /*if*/
            else /*p == '0'*/
            {
                ch = ch << 1;
            }
            ++k;
        }
        else  /*已经满 8 位（即 1 个字节）*/
        {
            fwrite(&ch, sizeof(unsigned char), 1, fp);
            k = 0;
        }
        ++p;
    } /*while*/
}
```

（8）（略）

参 考 文 献

[1] 李文斌等著．C 语言与程序设计大学教程．北京：清华大学出版社，2010．

[2] 谭浩强著．C 程序设计（第三版）．北京：清华大学出版社，2005．

[3] 谭浩强著．C 程序设计题解与上机指导（第三版）．北京：清华大学出版社，2005．

[4] 姜学锋等著．C 语言程序设计习题集．西安：西北工业大学出版社，2007．

[5]（美）Stephen Prata 著．C Primer Plus（第五版）中文版．云巅工作室译．北京：人民邮电出版社，2005．

[6] 严蔚敏等著．数据结构（C 语言版）．北京：清华大学出版社，2007．

[7] 严蔚敏等著．数据结构题集（C 语言版）．北京：清华大学出版社，2007．

[8]（美）Kenneth A Reek 著．C 和指针．徐波译．北京：人民邮电出版社，2008．

相关课程教材推荐

ISBN	书　名	定价（元）
9787302183013	IT 行业英语	32.00
9787302130161	大学计算机网络公共基础教程	27.50
9787302215837	计算机网络	29.00
9787302197157	网络工程实践指导教程	33.00
9787302174936	软件测试技术基础	19.80
9787302225836	软件测试方法和技术（第二版）	39.50
9787302225812	软件测试方法与技术实践指南 Java EE 版	30.00
9787302225942	软件测试方法与技术实践指南 ASP.NET 版	29.50
9787302158783	微机原理与接口技术	33.00
9787302174585	汇编语言程序设计	21.00
9787302200765	汇编语言程序设计实验指导及习题解答	17.00
9787302183310	数据库原理与应用习题・实验・实训	18.00
9787302196310	电子商务双语教程	36.00
9787302200390	信息素养教育	31.00
9787302200628	信息检索与分析利用（第 2 版）	23.00
9787302200772	汇编语言程序设计	35.00
9787302221487	软件工程初级教程	29.00
9787302167990	CAD 二次开发技术及其工程应用	31.00
9787302194064	ARM 嵌入式系统结构与编程	35.00
9787302202530	嵌入式系统程序设计	32.00
9787302206590	数据结构实用教程（C 语言版）	27.00
9787302213567	管理信息系统	36.00
9787302214083	.NET 框架程序设计	21.00
9787302218555	Linux 应用与开发典型实例精讲	35.00
9787302219668	路由交换技术	29.50

以上教材样书可以免费赠送给授课教师，如果需要，请发电子邮件与我们联系。

教学资源支持

敬爱的教师：

感谢您一直以来对清华版计算机教材的支持和爱护。为了配合本课程的教学需要，本教材配有配套的电子教案（素材），有需求的教师可以与我们联系，我们将向使用本教材进行教学的教师免费赠送电子教案（素材），希望有助于教学活动的开展。

相关信息请拨打电话 010-62776969 或发送电子邮件至 liangying@tup.tsinghua.edu.cn 咨询，也可以到清华大学出版社主页（http://www.tup.com.cn 或 http://www.tup.tsinghua.edu.cn）上查询和下载。

如果您在使用本教材的过程中遇到了什么问题，或者有相关教材出版计划，也请您发邮件或来信告诉我们，以便我们更好为您服务。

地址：北京市海淀区双清路学研大厦 A-708　　计算机与信息分社梁颖　收

邮编：100084　　电子邮件：liangying@tup.tsinghua.edu.cn

电话：010-62770175-4505　　邮购电话：010-62786544